高等职业教育建筑工程技术专业工学结合"十二五"规划教材

建筑抗震

主　编　马桂珍

副主编　李　斌

主　审　刘　阳

WUHAN UNIVERSITY PRESS

武汉大学出版社

图书在版编目(CIP)数据

建筑抗震/马桂珍主编. —武汉:武汉大学出版社,2016.12
高等职业教育建筑工程技术专业工学结合"十三五"规划教材
 ISBN 978-7-307-17870-0

Ⅰ.建…　Ⅱ.马…　Ⅲ.建筑结构—防震设计—高等职业教育—教材
Ⅳ.TU352.104

中国版本图书馆 CIP 数据核字(2016)第 108110 号

责任编辑:余　梦　　王育文　　责任校对:路亚妮　　　装帧设计:吴　极

出版发行:**武汉大学出版社**　　(430072　武昌　珞珈山)
　　　　　(电子邮件:whu_publish@163.com　网址:www.stmpress.cn)
印刷:北京虎彩文化传播有限公司
开本:787×1092　　1/16　　印张:12.25　　字数:285 千字
版次:2016 年 12 月第 1 版　　　2016 年 12 月第 1 次印刷
ISBN 978-7-307-17870-0　　　定价:36.00 元

前　言

我国是一个多地震的国家。近年来,国内地震发生的频率非常高,2008年四川汶川地震、2010年青海玉树地震、2013年四川雅安地震,震级均在7级及7级以上。我国大部分的城镇和村庄都位于抗震设防区。因此,建筑抗震是高等职业教育土建类专业的一门重要的专业课程。

本书是编者在多年教学、科研和工程实践经验的基础上,依据我国《建筑抗震设计规范》(GB 50011—2010)、《混凝土结构设计规范》(GB 50010—2010)等规范编写的。在符合高职院校土木工程专业教学要求的前提下,本书力求内容翔实、通俗易懂、概念清晰、深入浅出。书中引用规范条文,主要章节附有设计实例,且每章都附有小结、思考题等,方便学生学习。

本书由新疆建设职业技术学院马桂珍担任主编,甘肃建筑职业技术学院建筑工程系李斌担任副主编,由有多年实践经验的注册结构设计师刘阳担任主审。具体编写分工为:新疆建设职业技术学院马桂珍(第1、5、8章),甘肃建筑职业技术学院建筑工程系李斌(第3、7、9章),新疆建设职业技术学院艾斯哈尔(第6章),新疆建设职业技术学院于奇芳(第2、4章)。

由于编者水平有限,书中难免存在疏漏和不足之处,恳请读者批评、指正。

编　者

2016年7月

目　　录

1 地震及抗震概论

【学习目标】

了解地震的类型及其成因、地震的活动性及其震害;熟悉地震震级、地震烈度、基本烈度、抗震设防烈度等有关术语;明确建筑抗震设防基本依据、目标及分类标准,理解抗震概念设计的基本内容和要求,增强防震减灾的意识,掌握抗震概念设计的基本内容和要求。

地震是地球内部构造运动的产物,是一种自然现象。全世界每年大约发生 500 万次地震。其中绝大多数为小地震,只有用灵敏的仪器才能测量到,约占地震总数的 99%。其余的 1% 是能被人们感觉到的、能够造成严重破坏的大地震,全世界平均每年大约发生 18 次。

地震给人类社会带来灾难,造成不同程度的人员伤亡和经济损失。为了减轻或避免这种损失,就需要对地震有较深入的了解。作为建筑工程技术人员,为了防御和减轻地震灾害,有必要进行建筑工程结构的抗震分析与抗震设计。

1.1 地　　震

1.1.1 地震分类

地震是由于地球内部运动累积的能量突然释放或地壳中空穴顶板塌陷等原因,使岩体剧烈振动,并以波的形式向地表传播而引起的地面颠簸和摇晃。

地震按其产生的原因可分为 4 种类型:构造地震、火山地震、陷落地震以及人工诱发地震。构造地震是指在构造应力场的作用下,岩层突然错动而发生的地震。构造地震破坏性大、影响范围广,是房屋建筑抗震设防研究的主要对象。火山地震是由火山爆发引起的,火山地震数量少,占地震总数的 7% 左右,主要分布在火山活动带附近。陷落地震,是由地壳中空穴顶板陷落引起的,这类地震为数较少,由于震源浅、能量少,影响范围也小。人工诱发地震,是由于人类活动,如工业爆破、地下抽液、采矿、水库蓄水、深井注水等引起的地面振动。

1.1.2 地震相关概念

地球内部断裂错动并引起周围介质振动的部位叫作震源。震源正上方的地面位置叫震中。震源到地面的垂直距离叫作震源深度。地面某处至震中的水平距离叫震中距。在同一地震中，具有相同地震烈度地点的连线称为等震线。

按震源的深浅不同，地震又可分为：浅源地震，震源深度在 70 km 以内，一年中全世界所有的地震释放能量的约 85% 来自浅源地震；中源地震，震源深度在 70~300 km 范围内，一年中全世界所有的地震释放能量的约 12% 来自中源地震；深源地震，震源深度超过 300 km，一年中全世界所有的地震释放能量的约 3% 来自深源地震。

1.1.3 地震波

地震引起的振动以波的形式从震源向各个方向传播并释放能量，这就是地震波。它包括在地球内部传播的体波和在地球表面传播的面波。

体波分为纵波（P 波）和横波（S 波）两种。纵波是由震源向四周传播的压缩波，如图 1-1 所示，其介质质点的振动方向与波的运动方向一致，也称为压缩波。纵波的特点是周期较短，振幅较小，波速快，在地面引起上下颠簸运动。横波是由震源向外传播的剪切波，其介质质点的振动方向与波的运动方向垂直。横波的特点是周期较长，振幅较大，引起地面水平方向的运动。

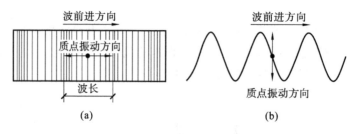

图 1-1 体波质点振动形式

(a) 压缩波；(b) 剪切波

面波是体波经地层界面多次放射、折射形成的次生波。面波的质点振动方向比较复杂，既引起地面水平振动又引起地面垂直振动。面波振动周期长，振幅大，由于面波比体波衰减慢，能传播到较远的地方。

研究表明，地震波的传播速度，纵波最快，横波次之，面波最慢，所以在地震发生的中心地区人们的感觉是，先上下颠簸，后左右摇晃。当横波和面波到达时，房屋震动最为剧烈。

1.1.4 地震震级

震级是地震发生强度的一种度量，是衡量一次地震释放能量大小的尺度，是通过地震仪记录到的地震波能量大小计算得到的，通常用 M 表示。地震越强，震级就越大。目前，国际上通用里氏震级，其定义是 1935 年由里克特给出，即地震震级 M 为：

$$M = \lg A \tag{1-1}$$

式中　M——地震震级，一般称为里氏震级；

　　　A——标准地震仪(摆的自振周期为 0.8 s、阻尼系数为 0.8、放大倍数为 2800 倍的地震仪)在距离震中 100 km 处所测定的最大水平地动位移，μm。

　　例如，在距震中 100 km 处，标准地震仪记录到的最大振幅 A 为 10 mm(即 10^4 μm)，则该次地震震级为里氏 4 级。

　　实际上，地震时距震中 100 km 处不一定设置了地震仪，且观测点也不一定采用标准地震仪，因此，需对实测数据进行适当修正才能得到所需要的震级。

　　震级表示一次地震释放能量的多少，也是表示地震大小的指标，所以一次地震只有一个震级。不同的震级与地震释放的能量大小有关，两者的关系如下：

$$\lg E = 1.5M + 11.8 \tag{1-2}$$

式中　E——地震释放的能量，10^{-7} J。

　　由式(1-2)得出震级及其相应的能量列于表 1-1，由表中数据可见，震级相差一级，地震能量相差约 32 倍。

表 1-1　　　　　　　　　　　　　震级及其相应的能量

震级	能量/J	震级	能量/J
1	2.00×10^6	6	6.31×10^{13}
2	6.31×10^7	7	2.00×10^{15}
3	2.00×10^9	8	6.31×10^{16}
4	6.31×10^{10}	8.5	3.55×10^{17}
5	2.00×10^{12}		

　　一般认为，小于 2 级的地震，人们感觉不到，只有仪器才能记录下来，称为微震；2~4 级的地震，人能感觉到，称为有感地震；5 级以上的地震，能造成不同程度的破坏，统称为破坏性地震；7~8 级的地震，称为强烈地震或大地震；8 级以上的地震称为特大地震。

1.1.5　地震烈度

　　地震烈度是指地震时某一地区的地面和各类建筑物遭受到一次地震影响的强弱程度。一次同样大小的地震，若震源深度、距震中的距离和土质条件等因素不同，则其对地面和建筑物的破坏程度也不相同。所以，一次地震有多个烈度。因此，若仅用震级表示地震动的强度，将不足以区别地面和建筑物破坏轻重的程度。一般来说，离震中愈近，地震影响愈大，地震烈度就愈高；离震中愈远，地震烈度就愈低。

　　震中烈度的高低，取决于地震震级和震源深度，震源深度在 10~30 km 范围内，对人类社会造成的危害最大。根据我国地震资料显示，对于浅源地震，震中烈度 I_0 和震级 M 的经验公式如下：

$$M = 0.58I_0 + 1.5 \tag{1-3}$$

根据上式，震级和震中烈度的大致对应关系见表 1-2。

表1-2　　　　　　　　　　　　　　　震级 M 和震中烈度 I_0 的关系

震级 M	2	3	4	5	6	7	8	>8
震中烈度 I_0	I～II	III	IV～V	VI～VII	VII～VIII	IX～X	XI	XII

1.1.6　地震烈度表

地震烈度表是为了评定地震烈度而建立的一个标准。它是根据地震时人的感觉、器物的反应、地震所造成的自然环境变化和建筑物的破坏程度,来对震害进行判定和区分的。各国制定的地震烈度表略有不同,我国采用12等级的地震烈度划分。目前沿用的是2008年重新修订颁布的《中国地震烈度表》(GB/T 17742—2008),如表1-3所示。

表1-3　　　　　　　　　　　　中国地震烈度表(GB/T 17742—2008)

地震烈度	人的感觉	房屋震害			其他震害现象	水平向地震动参数	
		类型	震害程度	平均震害指数		峰值加速度/(m/s²)	峰值速度/(m/s)
I	无感	—	—	—	—	—	—
II	室内个别静止中的人有感觉	—	—	—	—	—	—
III	室内少数静止中的人有感觉	—	门、窗轻微作响	—	悬挂物微动	—	—
IV	室内多数人、室外少数人有感觉,少数人梦中惊醒	—	门、窗作响	—	悬挂物明显摆动,器皿作响	—	—
V	室内绝大多数、室外多数人有感觉,多数人梦中惊醒	—	门窗、屋顶、屋架颤动作响,灰土掉落,个别房屋墙体抹灰出现细微裂缝,个别屋顶烟囱掉砖	—	悬挂物大幅晃动,不稳定器物摇动或翻倒	0.31 (0.22～0.44)	0.03 (0.02～0.04)
VI	多数人站立不稳,少数人惊逃户外	A	少数中等破坏,多数轻微破坏和/或基本完好	0～0.11	家具和物品移动;河岸和松软土出现裂缝,饱和砂层出现喷砂冒水;个别独立砖烟囱轻微裂缝	0.63 (0.45～0.89)	0.06 (0.05～0.09)
		B	个别中等破坏,少数轻微破坏,多数基本完好				
		C	个别轻微破坏,大多数基本完好	0～0.08			

续表

地震烈度	人的感觉	房屋震害			其他震害现象	水平向地震动参数	
		类型	震害程度	平均震害指数		峰值加速度/(m/s²)	峰值速度/(m/s)
VII	大多数人惊逃户外,骑自行车的人有感觉,行驶中的汽车驾乘人员有感觉	A	少数严重破坏和/或毁坏,多数中等和/或轻微破坏	0.09~0.31	物体从架子上掉落;河岸出现塌方,饱和砂层常见喷砂冒水,松软土地上裂缝较多;大多数独立砖烟囱中等破坏	1.25(0.90~1.77)	0.13(0.10~0.18)
		B	少数中等破坏,多数轻微破坏和/或基本完好				
		C	少数中等和/或轻微破坏,多数基本完好	0.07~0.22			
VIII	多数人摇晃颠簸,行走困难	A	少数毁坏,多数严重和/或中等破坏	0.29~0.51	干硬土上出现裂缝,饱和砂层绝大多数喷砂冒水;大多数独立砖烟囱严重破坏	2.50(1.78~3.53)	0.25(0.19~0.35)
		B	个别毁坏,少数严重破坏,多数中等和/或轻微破坏				
		C	少数严重和/或中等破坏,多数轻微破坏	0.20~0.40			
IX	行动的人摔倒	A	多数严重破坏或/和毁坏	0.49~0.71	干硬土上多处出现裂缝,可见基岩裂缝、错动,滑坡、塌方常见;独立砖烟囱多数倒塌	5.00(3.54~7.07)	0.50(0.36~0.71)
		B	少数毁坏,多数严重和/或中等破坏				
		C	少数毁坏和/或严重破坏,多数中等和/或轻微破坏	0.38~0.60			
X	骑自行车的人会摔倒,处于不稳状态的人会摔离原地,有抛起感	A	绝大多数毁坏	0.69~0.91	山崩和地震断裂出现;基岩上拱桥破坏;大多数独立砖烟囱从根部破坏或倒毁	10.00(7.08~14.14)	1.00(0.72~1.41)
		B	大多数毁坏				
		C	多数毁坏和/或严重破坏	0.58~0.80			
XI		A	绝大多数毁坏	0.89~1.00	地震断裂延续很大,大量山崩滑坡	—	—
		B		0.78~1.00			
		C					

地震烈度	人的感觉	房屋震害			其他震害现象	水平向地震动参数	
		类型	震害程度	平均震害指数		峰值加速度/(m/s²)	峰值速度/(m/s)
XII		A	几乎全部毁坏	1.00	地面剧烈变化,山河改观	—	—
		B					
		C					

注:① 表中的数量词:"个别"为10%以下,"少数"为10%~45%,"多数"为40%~70%,"大多数"为60%~90%,"绝大多数"为80%以上。

② 表中给出的"峰值加速度"和"峰值速度"是参考值,括号内给出的是变动范围。

1.2 地震活动性及地震灾害

1.2.1 地震活动性

1.2.1.1 世界地震活动性

地震的发生与地质构造密切相关。若岩层中原来已有断裂存在,致使岩石的强度较低,容易发生错动或产生新的断裂,则易发生地震。由于地震发生的频率非常高,小地震几乎到处都有,但大地震仅局限于某些地区,其震中大部分密集分布于板块边缘。地震密集带称为地震带,地球上的4个主要地震带分述如下。

① 环太平洋地震带:沿南美洲西海岸,经阿留申群岛、千岛群岛到日本列岛,然后经我国台湾、菲律宾、印度尼西亚、新几内亚至新西兰。这一地震带的地震活动最强,全球约有总数75%的地震发生于此。

② 欧亚地震带:西起大西洋的亚速尔群岛,经意大利、土耳其、伊朗、印度北部、我国西部和西南部,过缅甸至印度尼西亚与环太平洋地震带衔接。全球约有25%的地震发生于此。

③ 沿北冰洋、大西洋和印度洋中主要山脉的狭窄浅震活动带。

④ 地震活跃的断裂谷,如东非洲和夏威夷群岛等。

以上4个地震带中,环太平洋地震带和欧亚地震带为世界地震的主要活动地带。

1.2.1.2 我国地震活动性

我国地理位置处于环太平洋地震带和欧亚地震带之间,是一个多地震的国家。图1-2为我国境内地震震中分布示意图,我国的主要地震带有以下两条。

① 南北地震带北起贺兰山,向南经六盘山,穿越秦岭沿川西至云南省东北,纵贯南北。地震带宽度各处不一,大致为数十至百余千米。

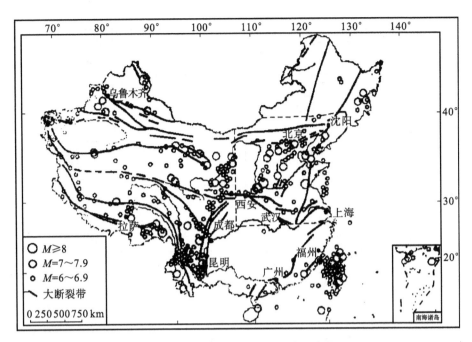

图 1-2　我国境内地震震中分布示意图

② 东西地震带。主要的东西构造带有两条,北面的一条沿陕西、山西、河北北部向东延伸,直至辽宁北部的千山一带,南面的一条自帕米尔高原起,经昆仑山、秦岭,直至大别山区。

根据我国大区域地震活动性和地质构造的特点,可分为华北地震活动区、南北地震带、天山地震活动区、东南沿海地震活动区、喜马拉雅山脉地震活动区、台湾及其附近海域 6 个地震区。

综上所述,我国地震情况非常复杂。从地震历史来看,全国除个别省份外,绝大部分地区都发生过较为强烈的破坏性地震,我国台湾大地震最多,新疆维吾尔自治区、西藏自治区次之,西南、西北、华北、东南沿海地区也是破坏性地震较多的地区。

1.2.1.3　近期国内外的地震活动

自 2008 年以来,国内外发生的著名大地震见表 1-4。

表 1-4　　　　2008 年以来国内外发生的著名大地震(截至 2014 年 4 月 2 日)

时间	地点	震级	伤亡情况
2008 年 5 月 12 日	中国四川省汶川县	8.0	69227 人死亡,17923 人失踪
2009 年 5 月 28 日	洪都拉斯北部海域	7.1	8 人死亡,近万人受灾
2009 年 9 月 29 日	太平洋萨摩亚群岛	8	190 人死亡
2010 年 1 月 12 日	海地	7.3	27 万人死亡,370 多万人受灾
2010 年 2 月 27 日	智利中南部	8.8	802 人死亡,近 200 万人受灾
2010 年 4 月 7 日	苏门答腊北部	7.8	无人员伤亡报告

时间	地点	震级	伤亡情况
2013年5月24日	鄂霍次克海	8.2	无人员伤亡报告
2010年4月14日	中国青海玉树县	7.1	2698人死亡,270人失踪
2010年9月4日	新西兰克莱斯特彻市	7.1	无人员伤亡报告
2011年3月10日	中国云南省盈江县	5.8	25人死亡,250人受伤
2011年3月11日	日本宫城县东北部	9	15884人死亡,2633人失踪
2012年3月21日	墨西哥	7.6	11人受伤
2012年4月11日	苏门答腊北部附近海域	8.6	无人员伤亡报告
2012年9月5日	哥斯达黎加	7.9	无人员伤亡报告
2012年10月28日	夏洛特皇后群岛	7.7	无人员伤亡报告
2013年1月5日	阿拉斯加东南部海域	7.8	无人员伤亡报告
2013年2月6日	圣克鲁斯群岛	7.5	造成5人死亡,3人受伤
2013年4月16日	伊朗、巴基斯坦交界	7.7	造成至少50人遇难
2013年4月20日	中国四川省雅安市芦山县	7.0	186人死亡,21人失踪,11393人受伤, 其中968人重伤
2013年7月8日	新爱尔兰地区	7.2	无人员伤亡报告
2013年9月24日	巴基斯坦	7.8	359人遇难,近700人受伤,数百间房屋 坍塌,10多万人无家可归
2013年10月15日	菲律宾	7.1	201人遇难,受灾人口超过300万
2014年2月12日	中国新疆和田地区于田县	7.3	无人员伤亡报告,13662户失去住所
2014年4月2日	智利北部沿岸近海	8.1	6人死亡

1.2.2 地震灾害

早在我国《诗经·小雅》中就有对地震灾害的描述:"烨烨震电,不宁不令。百川沸腾,山冢崒崩。高岸为谷,深谷为陵。"1976年的唐山大地震,24.2万人死亡,16.4万人重伤,震后唐山城区的建筑几乎所剩无几,成了一片废墟。2008年四川汶川8级地震,造成了巨大的损失,其中69227人遇难,37.4万人受伤,17923人失踪。

地震灾害主要分为原生灾害和次生灾害。原生灾害,即由地震直接造成的灾害,它造成房屋、道路、桥梁破坏,人员伤亡;次生灾害,即由原生灾害导致的灾害,可引发火灾、水灾、爆炸、溢毒、细菌蔓延和海啸等。

地震造成的破坏主要表现在三个方面,即地表破坏、房屋结构破坏和次生灾害。

1.2.2.1 地表破坏

（1）地裂缝

地震时地面产生裂缝是较普遍的现象。按成因不同,地裂缝分为构造性地裂缝和非构造性地裂缝,如图 1-3 所示。

（2）滑坡塌方

在强烈地震的摇动下,在陡峭的山区,因陡崖失稳,常引起塌方、山坡滑移、山石滚落等,大面积的滑坡会切断公路、冲毁房屋和桥梁,如图 1-4 所示。有时也会出现阻塞河流积水成湖的情况,如在唐家山,由于巨大的山体滑坡形成了堰塞湖,如图 1-5 所示。

（3）喷砂冒水（砂土液化）

在地下水位较高、砂层或粉土层较浅的地区,强震使砂土液化,地下水夹带砂土经地面裂缝或土质松软部位冒出地面,即形成喷砂冒水现象。严重时会引起地面不均匀沉陷和开裂,对建筑物造成危害。

地下水位以下的较松散的砂土、轻亚黏土在突然发生的地震动力作用下,土颗粒间有压密趋势,孔隙水来不及排除,使孔隙水压力增高,抵消了颗粒间的有效压力,致使土的抗剪强度急剧下降,甚至趋近于零,土颗粒呈悬浮状态,形成如同"液体"一样的现象,称为砂土液化。砂土液化使地基丧失承载能力,导致房屋下沉或倾倒。图 1-6 所示为都江堰青城山学校场坪液化。

图 1-3　唐山胜利桥头地裂缝

图 1-4　汶川地震大面积山体滑坡

图 1-5　汶川地震山体滑坡形成的
　　　　唐家山堰塞湖

图 1-6　都江堰青城山学校场坪液化

1.2.2.2　房屋结构破坏

地震时建筑物的破坏是导致人民生命财产损失的主要原因。

① 地震时,建筑物的内力和变形大大增加,导致建筑物或构筑物因承载力不足或变形过大而破坏,如墙体出现裂缝(图1-7),钢筋混凝土柱剪断或混凝土被压酥裂,房屋倒塌(图1-8),桥面塌落等。

图1-7 汶川地震中剪力墙身斜向裂缝图　　　　图1-8 汶川地震中底框结构震害

② 结构丧失整体性而破坏。发生强震时,地面运动引起房屋上部结构振动,产生惯性力,使结构内力及变形剧增,从而导致上部结构破坏。其包括由于构件承载力不足或变形过大的破坏,如汶川地震中某建筑物楼梯的破坏(图1-9);由于房屋结构布置及构造不合理,各结构构件之间连接不牢靠、结构整体性差而造成的破坏。构件连接节点破坏,可能导致整个结构倒塌,图1-10所示为汶川地震中单层工业厂房部分屋盖塌落。

图1-9 汶川地震中结构楼梯破坏图　　　　图1-10 汶川地震中单层工业厂房部分屋盖塌落

1.2.2.3　次生灾害

次生灾害是由原生灾害导致的灾害,如因地震引起的水灾、火灾、爆炸、溢毒、细菌蔓延、放射性物质的逸散、海啸和环境污染等灾害统称为次生灾害。次生灾害的破坏力很大,有时,次生灾害造成的损失比地震直接造成的损失还大,特别是在大工业区和大城市更为显著。如1923年日本关中大地震,此次地震造成14.3万人死亡,其中90%是被烧死;震倒房屋13万幢,而震后引起的火灾烧毁的房屋达45万幢,地震后发生了火灾、水灾、瘟疫、断水、断电、交通瘫痪、生命线工程破坏等次生灾害。1960年智利沿海发生地震后22 h,海啸袭击了17000 km以外的日本本州和北海道的太平洋沿岸地区,浪高近4 m,冲毁了海港、码头和沿岸建筑物。

1.3 建筑结构抗震设防

1.3.1 抗震设防目标

抗震设防是指对建筑物进行抗震设计并采取一定的抗震构造措施,以达到结构抗震的效果和目的。抗震设防的依据是抗震设防烈度。

我国《建筑抗震设计规范》(GB 50011—2010)(以下简称《抗震规范》)规定:抗震设防烈度为 6 度及 6 度以上地区的建筑,必须进行抗震设计。

1.3.1.1 地震基本烈度

地震基本烈度的定义为:在 50 年期限内,在一般场地条件下,可能遭遇的超越概率为 10%~13%,相当于 474 年一遇的烈度值,如图 1-11 所示。

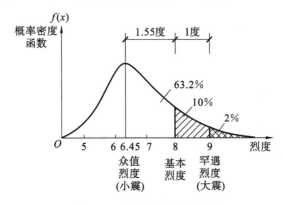

图 1-11 烈度概率密度函数

1.3.1.2 地震设防目标

抗震设防烈度是一个地区的建筑抗震设防依据。抗震设防烈度必须按国家规定的权限审批、颁发的文件确定。

地震作用具有随机性、复杂性、间接性等特点。因此,房屋经过适当的抗震设防,一般能减轻地震造成的破坏程度,但尚不能完全避免。建筑抗震设防目标,是对建筑结构应具有的抗震安全性的要求,我国抗震规范明确给出了"三水准"的设防目标,即当遭受低于本地区抗震设防烈度的多遇地震影响时,主体结构不受损坏或不需修理可继续使用;当遭受相当于本地区抗震设防烈度的设防地震影响时,可能发生损坏,但经一般性修理仍可继续使用;当遭受高于本地区抗震设防烈度的罕遇地震影响时,不致倒塌或发生危及生命的严重破坏。

以上三点可概括为:"小震不坏,中震可修,大震不倒。"采用两阶段设计法可实现上述三个水准的设防目标。

第一阶段设计:按第一水准(小震)地震动参数计算结构地震作用效应与其他荷载效

应的基本组合,进行结构构件的截面抗震承载力验算;对于钢和钢筋混凝土等柔性结构,尚应进行弹性变形验算;同时采取相应的抗震措施。这样,既可满足第一水准的"不坏"设防要求,又可满足第二水准的"损坏可修"设防要求。

第二阶段设计:对于特殊的柔性结构除进行第一阶段设计外,尚应按第三水准(大震)地震动参数计算结构(尤其对薄弱层)在大震作用下的弹塑性变形,使之满足规范要求,并应采取相应的提高变形能力的抗震措施,满足第三水准的防倒塌要求。

1.3.1.3 小震和大震

小震是发生概率较高的地震。在 50 年期限内,此概率密度曲线的峰值烈度所对应的被超越概率为 63.2%(图 1-11),因此,可以将这一峰值烈度定义为小震烈度,又称多遇地震烈度。各地的基本烈度,可取为中震对应的烈度,它在 50 年内的超越概率为 10%。大震是罕遇地震,它所对应的地震烈度在 50 年内的超越概率为 2% 左右,这个烈度又称为罕遇地震烈度。通过对我国 45 个城镇的地震危险性分析结果的统计分析得到:基本烈度较众值烈度高 1.55 度,而较罕遇烈度低 1 度,如图 1-11 所示。

《抗震规范》附录 A 列出了我国主要城镇的抗震设防烈度、设计基本地震加速度和设计地震分组。2008 年 5 月 12 日四川汶川地震后,对部分地区的地震动参数进行了局部修改。

1.3.2 抗震设防分类及标准

1.3.2.1 抗震设防分类

建筑工程设计应按其遭受地震破坏后可能造成的人员伤亡、经济损失和社会影响程度以及在抗震救灾中的作用,划分为不同的类别,采取不同的设计要求。因此,根据《建筑工程抗震设防分类标准》(GB 50223—2008)确定其抗震设防类别,共分为四类。

① 特殊设防类:使用上有特殊设施,涉及国家公共安全的重大建筑工程和地震时可能发生严重次生灾害等特别重大灾害后果、需要进行特殊设防的建筑。简称甲类。

② 重点设防类:地震时使用功能不能中断或需尽快恢复的生命线相关建筑,以及地震时可能导致大量人员伤亡等重大灾害后果、需要提高设防标准的建筑。简称乙类。

③ 标准设防类:大量的除①、②、④类以外按标准要求进行设防的建筑。简称丙类。

④ 适度设防类:使用上人员稀少且震损不致产生次生灾害、允许在一定条件下适度降低要求的建筑。简称丁类。

1.3.2.2 抗震设防标准

对各类建筑抗震设防标准的具体规定如下。

① 特殊设防类,应按高于本地区抗震设防烈度一度的要求加强其抗震措施;抗震设防烈度为 9 度时应按比 9 度更高的要求采取抗震措施。同时,应按批准的地震安全性评

价的结果且高于本地区抗震设防烈度的要求确定其地震作用。

② 重点设防类,应按高于本地区抗震设防烈度一度的要求加强其抗震措施;抗震设防烈度为 9 度时应按比 9 度更高的要求采取抗震措施;地基、基础的抗震措施,应符合有关规定。同时,应按本地区抗震设防烈度确定其地震作用。

③ 标准设防类,应按本地区抗震设防烈度确定其抗震措施和地震作用,达到在遭遇高于当地抗震设防烈度的预估罕遇地震影响时不致倒塌或发生危及生命安全的严重破坏的抗震设防目标。

④ 适度设防类,允许比本地区抗震设防烈度的要求适当降低其抗震措施,但抗震设防烈度为 6 度时不应降低。一般情况下,仍应按本地区抗震设防烈度确定其地震作用。

1.3.3 抗震概念设计

地震是一种随机振动,有难以把握的不确定性和复杂性,迄今人们对地震规律性的认识还很不足。在建筑物的抗震设计中,抗震计算和抗震措施是不可分割的两个组成部分。在结构分析方面,结构的空间作用、非弹性材料、材料时效、阻尼变化等多种因素,存在不确定性。因此,工程设计不能完全依赖"抗震计算设计"解决。而工程抗震基本理论及长期抗震经验总结的工程抗震基本概念,是打造结构良好抗震性能的关键因素,这即所谓的"概念设计"。所谓"概念设计",是指根据地震灾害和工程经验等所形成的基本设计原则和设计思想,进行建筑和结构总体布置并确定细部构造的过程。建筑结构抗震性能的决定因素,是良好的概念设计。

建筑抗震设计在总体上要求把握的基本原则可以概括为:注意场地选择,把握建筑体型,利用结构延性,设置多道防线,重视非结构因素。

1.3.3.1 场地和地基选择

因地震造成的建筑破坏,除地震动直接引起破坏外,还有场地条件的影响,在布局建筑工程时,按概念设计的要求选择有利于抗震的场地,是减轻因场地引起的地震灾害的首要条件。

① 选择建筑场地时,应根据工程需要和地震活动情况、工程地质和地震地质等的有关资料,对抗震有利、一般、不利和危险地段作出综合评价。对不利地段,应提出避开要求,当无法避开时应采取有效措施。对危险地段,严禁建造甲、乙类的建筑,不应建造丙类的建筑。当确定需要在不利地段或危险地段建筑工程时,应遵循建筑抗震设计的有关要求,进行详细的场地评价并采取必要的抗震措施。

② 同一结构单元的基础不宜设置在性质截然不同的地基上,也不宜一部分采用天然地基而另一部分采用桩基;当采用不同基础类型或基础埋深显著不同时,应根据地震时两部分地基基础的沉降差异,在基础、上部结构的相关部位采取相应措施。当地基为软弱黏性土、液化土、新近填土或严重不均匀土时,应根据地震时地基不均匀沉降或其他不利影响,采取相应的措施。

③ 山区建筑场地应根据地质、地形条件和使用要求,因地制宜设置符合抗震设防要求的边坡工程;边坡附近的建筑基础应进行抗震稳定性设计。

各类地段划分见表1-5。

表1-5 **有利、一般、不利和危险地段的划分**

地段类型	地质、地形、地貌
有利地段	稳定基岩、坚硬土,开阔、平坦、密实、均匀的中硬土等
一般地段	不属于有利、不利和危险的地段
不利地段	软弱土,液化土,条状突出的山嘴,高耸孤立的山丘,陡坡,河岸和边坡边缘,平面分布上成因、岩性、状态明显不均匀的土层(如古河道、疏松的断层破碎带、暗埋的塘沟谷和半填半挖地基),高含水量的可塑黄土,地表存在结构性裂缝等
危险地段	地震时可能发生滑坡、崩塌、地陷、地裂、泥石流等,以及发震断裂带上可能发生地表位错的部位

1.3.3.2 建筑形体的确定

理论分析表明,规则的建筑结构,抗震性能好,震害轻,所以建筑设计应根据抗震概念设计的要求明确建筑形体的规则性。不规则的建筑应按规定采取加强措施;特别不规则的建筑应进行专门研究和论证,采取特别的加强措施;严重不规则的建筑不应采用。

形体,指建筑平面形状和立面、竖向剖面的变化。建筑物平、立面布置的基本原则是对称、规则、质量与刚度变化均匀。结构对称,有利于减轻结构的地震扭转效应。而形状规则的建筑物,在地震时结构各部分的震动易于协调一致,应力集中现象减少,因此有利于抗震。

质量与刚度变化均匀有两方面的含义:

① 结构平面方向,应尽量使结构刚度中心与质量中心相一致,否则,扭转效应将使远离刚度中心的构件产生较严重的震害。平面不规则的类型见表1-6。

表1-6 **平面不规则的类型**

不规则类型	定义和参考指标
扭转不规则	在规定的水平力作用下,楼层的最大弹性水平位移(或层间位移)大于该楼层两端弹性水平位移(或层间位移)平均值的1.2倍(图1-12)
凹凸不规则	平面凹进的尺寸大于相应投影方向总尺寸的30%(图1-13)
楼板局部不连续	楼板的尺寸和平面刚度急剧变化,如有效楼板宽度小于该层楼板典型宽度的50%,或开洞面积 A_c 大于该层楼面面积的30%,或较大的楼层错层(图1-14)

② 结构立面,建筑的立面和竖向剖面宜规则,结构的侧向刚度宜均匀变化,竖向抗侧力构件的截面尺寸和材料强度宜自下而上逐渐减小,避免抗侧力结构的侧向刚度和承载力突变。竖向不规则的类型见表1-7。

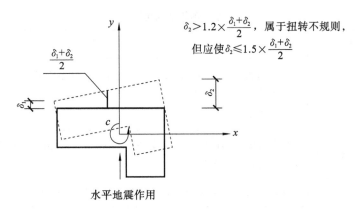

$\delta_2 > 1.2 \times \dfrac{\delta_1 + \delta_2}{2}$，属于扭转不规则，

但应使 $\delta_2 \leqslant 1.5 \times \dfrac{\delta_1 + \delta_2}{2}$

水平地震作用

图 1-12　建筑结构平面的扭转不规则

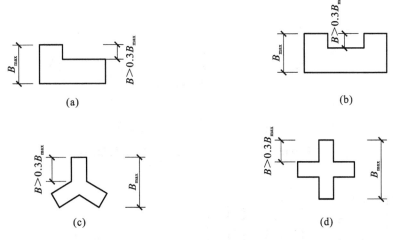

图 1-13　建筑结构平面的凹角或凸角不规则

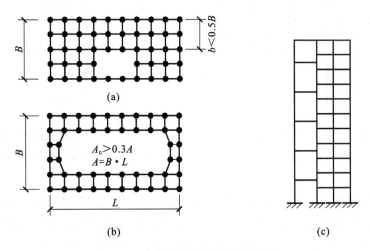

图 1-14　建筑结构平面的局部不连续

表 1-7   竖向不规则的类型

不规则类型	定义和参考指标
侧向刚度不规则	该层的侧向刚度小于相邻上一层的 70%，或小于其上相邻三个楼层侧向刚度平均值的 80%（图 1-15）；除顶层或出屋面的小建筑外，局部收进的水平向尺寸大于相邻下一层的 25%
竖向抗侧力构件不连续	竖向抗侧力构件（柱、抗震墙、抗震支撑）的内力由水平转换构件（梁、桁架等）向下传递（图 1-16）
楼层承载力突变	抗侧力结构的层间受剪承载力小于相邻上一楼层的 80%（图 1-17）

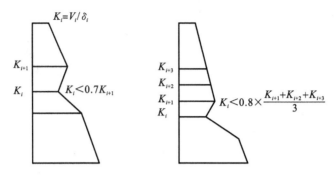

图 1-15   沿竖向的侧向刚度不规则（有柔软层）

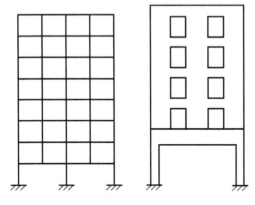

图 1-16   竖向抗侧力构件不连续

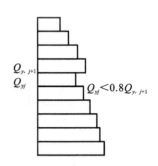

图 1-17   竖向的抗侧力结构屈服抗剪
强度非均匀化（有薄弱层）

    对不规则的建筑结构，应按后续章节的规定进行水平地震作用计算和内力调整，并应对薄弱部位采取有效的抗震构造措施。对体型复杂、平立面特别不规则的建筑结构，应根据不规则的程度、地基基础条件和技术经济等因素的比较分析，确定是否设置防震缝。

➡ 本章小结

1. 地震按其成因可划分为 4 种类型,即构造地震、火山地震、陷落地震和人工诱发地震。构造地震分布广、危害大,是本课程研究的重点。按震源深浅的不同,地震还可分为浅源地震、中源地震和深源地震 3 种类型。

2. 地震时,地下岩体断裂、错动产生震动,并以波的形式从震源向外传播,这就是地震波;在地球内部传播的波称为体波,沿地球表面传播的波叫作面波。体波又分纵波(P波)和横波(S 波)。地震波的传播速度,纵波最快,横波次之,面波最慢。

3. 地震震级是衡量一次地震释放能量大小的尺度,地震烈度是指地震对地表和建筑物影响的平均强弱程度。因此,一次地震只有一个震级,却有多个烈度。

4. 地震造成的破坏主要表现在 3 个方面,即地震引起的地表变化、房屋结构破坏和次生灾害。

5. 在 50 年期限内,一般场地条件下,可能遭遇的超越概率为 10%～13% 地震烈度值,相当于 474 年一遇的烈度值,称为地震基本烈度;可能遭遇的超越概率为 63% 地震烈度值,相当于 50 年一遇的烈度值,称为多遇地震烈度;可能遭遇的超越概率为 2%～3% 地震烈度值,相当于 1600～2500 年一遇的烈度值,称为罕遇地震烈度。

6. 我国《抗震规范》规定,抗震设防烈度为 6 度及 6 度以上地区必须进行抗震设计。抗震设防烈度是一个地区的建筑抗震设防依据。抗震设防烈度必须按照国家规定的权限审批、颁发的文件确定。

7. 我国《抗震规范》明确给出了"三水准"的设防目标,即"小震不坏、中震可修、大震不倒",并采用两阶段设计法实现上述 3 个水准的设防目标要求。

8. 建筑根据其使用功能的重要性分为特殊设防类、重点设防类、标准设防类、适度设防类 4 个抗震设防类别,并采取相应的地震作用计算取值标准和抗震措施标准。

9. 建筑抗震设计,应重视概念设计。

➡ 思考与练习

1-1 地震按其成因分为哪几种类型? 按其震源的深浅又分为哪几种类型?

1-2 什么是地震波? 地震波包含了哪几种波?

1-3 什么是地震震级? 什么是地震烈度?

1-4 什么是设防烈度? 什么是基本烈度?

1-5 什么是多遇地震? 什么是罕遇地震?

1-6 建筑的抗震设防类别分为哪几类? 分类的作用是什么?

1-7 什么是建筑抗震概念设计? 概念设计的基本内容和要求是什么?

1-8 在建筑抗震设计中如何实现"三水准"设防要求?

1-9 常见的地震震害包括哪几类? 主要与哪些因素有关?

1-10 简述抗震设防的目标。

2　场地、地基和基础

【学习目标】

　　通过本章的学习，了解场地、地基和基础对房屋抗震的影响，了解地基土、液化土的概念以及抗液化措施，掌握场地类别的划分方法和地基基础抗震验算方法，培养认真、科学、严谨的学习态度。

　　当破坏性地震发生后，会有大量的基础设施及房屋破坏，与人们生活和生产密切相关的建筑物和构筑物的破坏，会造成大量人员伤亡及巨大的经济财产损失。地震造成建筑物的破坏形态极其复杂，主要有以下几种：第一，建筑物主体结构破坏，由于地震时地面的强烈运动，建筑物在震动过程中因丧失整体稳定性或强度不足，或变形过大而破坏；第二，基础设施如水坝、交通设施的破坏；第三，海啸、火灾、爆炸等造成次生灾害；第四，有关场地、地基和基础的破坏，如断层错动、山崖崩塌、河岸滑坡、地层陷落等地面严重变形造成的破坏。其中，前三种情况可以通过结构主体的合理设计加以防治；而第四种破坏情况，就是本章所要讲述的内容。

　　强烈地震会造成地面破坏、滑坡和坍塌，地基失效，为了有效地减轻因场地和地基与基础的破坏，一般通过合理选择场地并根据场地地基条件来精心设计以减轻地震对建筑物及构筑物的破坏。

2.1　建　筑　场　地

2.1.1　场地地段的选择

　　合理选择场地，对建筑物的抗震安全至关重要。为此，首先要全面查明和分析有关场地条件引起震害的各种因素，如地质构造、地形地貌等，然后根据各种因素的综合情况及影响程度，划分场地地段。对建筑抗震有利、一般、不利和危险地段的划分见表1-5。

　　在强震区（一般指抗震设防烈度6度以上的地震区）建设选址时，首先应进行详细勘察，搞清地形、地址情况，宜选择对抗震有利的地段，避开不利的地段，因为有利地段的地震反应往往较不利地段或危险地段小而预测的把握较大。抗震不利地段的地震反应与抗震有利地段相比,地震反应更为强烈与复杂,也不易预测。因此,对抗震不利的地段,以避开为首选的处置办法。此外还要注意,不应在危险地段上建甲、乙、丙类建筑,避免建造可能引起人员伤亡或较大经济损失的建筑物。

2.1.2 场地类别的划分

建筑场地类别是场地条件的基本表征,有关地震破坏资料显示,不同场地上建筑物震害有较大的差别。在软弱地基上,柔性结构较刚性结构容易破坏,通常是因结构破坏或地基破坏而导致建筑物破坏;在坚硬地基上,柔性结构反映较好,刚性结构则反映不一,常出现矛盾现象。一般情况是建筑物在软弱地基上的破坏通常比坚硬地基破坏要严重。

研究表明,场地的地震效应主要取决于场地土的刚度(土层的剪切波速)和场地覆盖层厚度。

场地土是指场地范围内深度在 20 m 左右的地基土,其类型与性状对场地地震反应的影响比深层土大。

场地是指工程群体所在地,具有相似的反应谱特征。其范围相当于厂区、居民小区和自然村或不小于 1.0 km² 的平面面积。

场地土的类型(即场地土的刚度)用土层的等效剪切波速反映。土的剪切波速是反映场地土动力性能的重要参数,故场地土可根据工程地质勘测资料,按剪切波速来进行分类。

土层剪切波速的测量应符合下列要求:

① 在场地初步勘察阶段,对于大面积的同一地质单元,测试土层剪切波速的钻孔数量不宜少于 3 个。

② 在场地详细勘察阶段,对单幢建筑,测试土层剪切波速的钻孔数量不宜少于 2 个,测试数据变化较大时,可适量增加;对小区中处于同一地质单元内的密集建筑群,测试土层剪切波速的钻孔数量可适量减少,但每幢高层建筑和大跨空间结构的钻孔数量均不得少于 1 个。

③ 对丁类建筑及丙类建筑中层数不超过 10 层,高度不超过 24 m 的多层建筑,当无实测剪切波速时,可根据岩土名称和性状,按表 2-1 划分土的类型,再利用当地经验在表 2-1 的剪切波速范围内估算各土层的剪切波速。

表 2-1 土的类型划分和剪切波速范围

土的类型	岩土名称和性状	土层剪切波速范围/(m/s)
岩石	坚硬、较硬且完整的岩石	$v_s > 800$
坚硬土或软质岩石	破碎和较破碎的岩石或软和较软的岩石,密实的碎石土	$500 < v_s \leqslant 800$
中硬土	中密、稍密的碎石土,密实、中密的砾、粗、中砂,$f_{ak} > 150$ 的黏性土和粉土,坚硬黄土	$250 < v_s \leqslant 500$
中软土	稍密的砾,粗、中砂,$f_{ak} \leqslant 150$ 的黏性土和粉土,$f_{ak} > 130$ 的填土、可塑新黄土	$150 < v_s \leqslant 250$

土的类型	岩土名称和性状	土层剪切波速范围/(m/s)
软弱土	淤泥和淤泥质土,松散的砂,新近沉积的黏性土和粉土,$f_{ak} \leq 130$ 的填土,流塑黄土	$v_s \leq 150$

注:f_{ak}为由载荷试验等方法得到的地基承载力特征值,单位为 kPa;v_s为岩土剪切波速。

如图 2-1 所示,对于分层土,土层采用等效剪切波速反映各层土的综合刚度,其等效剪切波速可根据地震波通过计算深度范围内各土层的总时间等于该波通过同一计算深度的单一折算土层所需的时间求得,应按下列公式计算:

$$v_{se} = d_0/t \tag{2-1}$$

$$t = \sum_{i=1}^{n}(d_i/v_{si}) \tag{2-2}$$

式中　v_{se}——土层等效剪切波速,m/s;

d_0——计算深度,取覆盖层厚度和 20 m 两者间的较小值,m;

t——剪切波在地面至计算深度之间的传播时间,s;

d_i——计算深度范围内第 i 土层的厚度,m;

v_{si}——计算深度范围内第 i 土层的剪切波速,m/s;

n——计算深度范围内土层的分层数。

测试土层剪切波速最常用的方法是在原位用速度检层法,其工作原理见图 2-2。

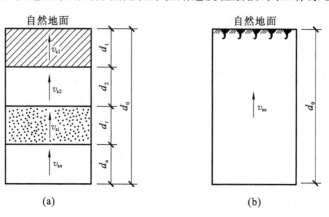

图 2-1　土层等效剪切波速计算

(a)原土层;(b)折算土层

在钻孔附近设置一个振动源,产生剪切波的方法有敲板法、弹簧激振法和定向爆破法。敲板法是最简单的振动源产生方法,在离钻孔 1~1.5 m 处铺设一块木板或楔打入地面,板厚 50 mm、宽 300~500 mm、长 2~3 m,板上压 0.5 t 左右的重物,然后用大锤沿板的纵向猛烈敲击,使板与地面因摩擦力的作用产生一个水平剪力,从而在板的纵轴垂直方向(即土层的横向)产生强烈的剪切波振动。也可以利用弹簧或定向爆破筒的后坐力来冲击木板,产生显著的剪切波。

试验时,用绞车或人提钢丝绳,将附壁式检波组探头徐徐放入钻孔内,探头是一个外

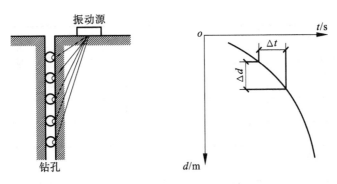

图 2-2   速度检层法示意图

径小于 90 mm 的钢筒,内部安装三个互相垂直的小拾振器,放在测量深度处,由井口的打气筒向探头外壁的胶囊充气,把探头压紧在朝向震源一侧的钻孔壁上,便可接受振动波。利用附壁式检波组探头测得剪切波到达测点的时间,作出相应的时距曲线,如图 2-2 所示,纵轴为测点深度 d,横轴为到达时间 t。当地基土由性能差别较大的土层组成时,相应的时距曲线便是由多段曲线组成,为便于分析不同的土层,对应的每一土层取其曲线的斜率(可近似取折线)代表该土层的剪切波速:

$$v_s = \Delta d / \Delta t \tag{2-3}$$

地震破坏除考虑土层的剪切波速外,在很大程度上也与场地覆盖层厚度有关,不同覆盖层厚度上的建筑物,其震害表现明显不同。在覆盖层为中等厚度的一般地基上,中等高度房屋的破坏要比高层建筑的破坏严重,而基岩上各类房屋的破坏普遍较轻。

建筑场地覆盖层厚度的确定,应符合下列要求:

① 一般情况下,应按地面至剪切波速大于 500 m/s 且其下卧各层岩土的剪切波速均不小于 500 m/s 的土层顶面的距离确定。

② 当地面 5 m 以下存在剪切波速大于其上部各土层剪切波速 2.5 倍的土层,且该层及其下卧各层岩土的剪切波速均不小于 400 m/s 时,可按地面至该土层顶面的距离确定。

③ 剪切波速大于 500 m/s 的孤石、透镜体,应视同周围土层。

④ 土层中的火山岩硬夹层,应视为刚体,其厚度应从覆盖土层中扣除。

建筑的场地类别,应根据土层等效剪切波速和场地覆盖层厚度按表 2-2 划分为四类,其中 I 类分为 I_0、I_1 两个亚类。确定场地覆盖层厚度时,应注意薄的加砂层、砾石层或孤石不得作为基岩。当有可靠的剪切波速和覆盖层厚度且其值处于表 2-2 所列场地类别的分界线附近时,应允许按插值方法确定地震作用计算所用的特征周期。

表 2-2   **各类建筑场地覆盖层厚度**   (单位:m)

岩石的剪切波速或土的等效剪切波速/(m/s)	场地类别				
	I_0	I_1	II	III	IV
$v_s > 800$	0				
$800 \geqslant v_s > 500$		0			

岩石的剪切波速或	场地类别				
土的等效剪切波速/(m/s)	I_0	I_1	Ⅱ	Ⅲ	Ⅳ
$500 \geqslant v_s > 250$		<5	≥5		
$250 \geqslant v_s > 150$		<3	3～50	>50	
$v_s \leqslant 150$		<3	3～15	15～80	>80

注:表中 v_s 为岩石的剪切波速。

应当注意,建筑场地类别与前述的场地土类型是两个完全不同的概念,场地土类型只反映某类单一土质情况,而建筑场地类别是对位于覆盖层深度范围内的各类土质的综合评价。

【例 2-1】 已知某建筑场地的地质钻探资料见表 2-3。试确定该建筑场地的场地类型。

表 2-3   某建筑场地地质钻探资料

层底深度/m	土层厚度/m	土的名称	土层剪切波速 v_{si}/(m/s)
12	12	黏土	130
34	22	粉质黏土	260
44	10	泥岩,强风化,半坚硬状态	900

【解】 ① 确定覆盖层厚度。

因地面 34 m 以下的土层为泥岩,强风化,半坚硬状态,土层剪切波速大于 500 m/s,所以覆盖层厚度取为 34 m。

② 计算深度。

覆盖层厚度 34 m 大于 20 m,因计算深度取覆盖层厚度和 20 m 两者的较小值,故 $d_0 = 20$ m。

③ 确定地面下土层的等效剪切波速。

确定地面下 20 m 范围内土的类型,计算等效剪切波速 v_{se}:

$$v_{se} = \frac{d_0}{\sum_{i=1}^{n} (d_i/v_{si})} = \frac{20}{12/130 + 8/260} = 162.5 (m/s)$$

因为等效剪切波速 $150 < v_{se} = 162.5 \leqslant 250$,所以表层土属于中软土。

④ 确定建筑场地类别。

根据表层土的等效剪切波速为 $v_{se} = 162.5$ m/s 和覆盖厚度取为 34 m,查表 2-3 知,该建筑场地类别属于 Ⅱ 类。

2.1.3 主断裂带避让距离

断裂带,即地质构造的薄弱区域,在地震发生时,发震断裂带附近地表可能会产生新的错动,使地面建筑物遭受较大的破坏。所以,当场地内存在发震断裂带时,应对断裂的可能性和其对建筑物的影响进行分析评价。

根据国内几次较大地震的经验，发震断裂带上可能发生地表错动的地段，主要在 8 度及 8 度以上高烈度区。场地内存在发震断裂时，应对断裂的工程影响进行评价，并应符合下列要求。

① 对符合下列规定之一的情况，可忽略发震断裂错动对地面建筑的影响：

a. 抗震设防烈度小于 8 度；

b. 非全新世活动断裂；

c. 抗震设防烈度为 8 度和 9 度时，隐伏断裂的土层覆盖厚度分别大于 60 m 和 90 m。

② 对不符合①规定的情况，应避开主断裂带。其避让距离不宜小于表 2-4 对发震断裂最小避让距离的规定。在避让距离的范围内确有需要建造分散的、低于三层的丙、丁类建筑时，应按提高一度采取抗震措施，并提高基础和上部结构的整体性，且不得跨越断层线。

表 2-4　　　　　　　　　　　**发震断裂带的最小避让距离**

抗震设防烈度	建筑抗震设防类别			
	甲	乙	丙	丁
8 度	专门研究	200 m	100 m	—
9 度	专门研究	400 m	200 m	—

发震断裂带的突然错动要释放能量，引起地震动。发生强烈地震时，断裂两侧的相对位移可能露出地表，形成地表断裂（图 2-3）。1976 年的唐山大地震，在极震区内，一条北东走向的地表断裂，长 8 km，水平错位达 1.45 m。2008 年的汶川大地震，断层长度更是达到了 300 km，位于断层之上的映秀镇几乎被夷为平地。

图 2-3　地表断裂

【例 2-2】 已知一幢商住的高层住宅，其抗震设防烈度为 9 度，建筑抗震设防类别为丙类。该建筑的附近存在一条发震主断裂带，该带的隐伏断裂的土层覆盖层厚度为 40 m，试确定该建筑避开这条主断裂带的最小距离。

【解】 根据题意可知本建筑由于隐伏断裂的土层覆盖层厚度为 40 m，小于 90 m，因此，本建筑应避开这条主断裂带，其最小避让距离不宜小于 200 m。

2.2　天然地基和基础抗震验算

2.2.1　不进行天然地基及基础抗震承载力验算的建筑

从国内外地震的勘察资料可知，一般在地震发生时，土层地基较少发生问题，多数的天然地基具有较好的抗震性能,因地基承载力的不足而造成的破坏很少发生。地基基础震害较少的主要原因是地震作用历时短暂,大多数地基在地震作用下来不及变形,基础有较多的安全储备。为简化和减少抗震设计的工作量,下列建筑可不进行天然地基及基础的抗震承载力验算:

① 《抗震规范》规定可不进行上部结构抗震验算的建筑。

② 地基主要受力层范围内不存在软弱黏性土层的下列建筑:

a. 一般的单层厂房和单层空旷房屋;

b. 砌体房屋;

c. 不超过 8 层且高度在 24 m 以下的一般民用框架和框架-抗震墙房屋;

d. 基础荷载与 c 项相当的多层框架厂房和多层混凝土抗震墙房屋。

注:软弱黏性土层指抗震设防烈度为 7 度、8 度和 9 度时,地基承载力特征值分别小于 80 kPa、100 kPa 和 120 kPa 的土层。

2.2.2 天然地基抗震承载力验算

目前,国内外大多数抗震设计在验算天然地基抗震承载力时,对于地基土抗震承载力的取值,采用在地基土静承载力的基础上乘一个大于 1 的调整系数的办法来确定。

进行天然地基基础抗震验算时,应采用地震作用效应标准组合,且地基抗震承载力应取地基承载力特征值乘以地基承载力抗震调整系数。

地基抗震承载力应按下式计算:

$$f_{aE} = \xi_a f_a \tag{2-4}$$

式中 f_{aE}——调整后的地基抗震承载力;

ξ_a——地基抗震承载力调整系数,按表 2-5 采用;

f_a——深宽修正后的地基承载力特征值,应按《建筑地基基础设计规范》(GB 50007—2011)(以下简称《地基基础规范》)采用。

表 2-5   地基抗震承载力调整系数

岩土名称和性状	ξ_a
岩石、密实的碎石土,密实的砾、粗、中砂,$f_{ak} \geqslant 300$ 的黏性土和粉土	1.5
中密、稍密的碎石土,中密和稍密的砾、粗、中砂,$150 \leqslant f_{ak} < 300$ 的黏性土和粉土,坚硬黄土	1.3
稍密的细、粉砂,$100 \leqslant f_{ak} < 150$ 的黏性土和粉土,可塑黄土	1.1
淤泥和淤泥质土,松散的砂,杂填土,新近堆积的黄土及流塑黄土	1.0

验算天然地基基础地震作用下的竖向承载力时,荷载分项系数应取为 1.0,按地震作用效应标准组合的基础底面平均压力和边缘最大压力应符合下列各式要求:

$$p \leqslant f_{aE} \tag{2-5}$$

$$p_{max} \leqslant 1.2 f_{aE} \tag{2-6}$$

式中 p——地震作用效应标准组合的基础底面平均压力;

p_{max}——地震作用效应标准组合的基础边缘最大压力。

高宽比大于 4 的高层建筑,在地震作用下基础底面不宜出现脱离区(零应力区);其他建筑基础底面与地基土之间脱离区(零应力区)面积不应超过基础底面面积的 15%。

在地基承载力计算时,对于地震区的建筑物,应首先进行静力设计,合理地确定基础埋深,确定基础尺寸,并对地基进行静强度及变形验算,再进行抗震承载力计算。

【例 2-3】 某建筑物的室内柱基础如图 2-4 所示,考虑地震作用组合,其内力组合值在室内地坪处(± 0.000)为:$F_k=800$ kN,$M_k=600$ kN·m,$V_k=80$ kN。基底尺寸 $B \cdot L=3$ m×3.2 m,基础埋深 $d=2.2$ m,G_k 为基础自重和基础上的土重标准值,G_k 的平均重度 $\gamma_0=20$ kN/m³。建筑场地均为红黏土,其重度 $\gamma_0=18$ kN/m³,含水比 $a_w>0.8$,地基承载力特征值 $f_{ak}=160$ kN/m²。

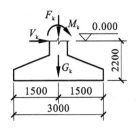

图 2-4　柱基础图

要求:进行独立基础的抗震验算。

【解】 ① 求基础底面的压力值。

$$G_k=3.2 \times 3 \times 2.2 \times 20=422.4 \text{(kN)}$$

$$N_k=F_k+G_k=800+422.4=1222.4 \text{(kN)}$$

$$M_k=600+80 \times 2.2=776 \text{(kN·m)}$$

$$e=\frac{M_k}{N_k}=776/1222.4=0.635 \text{(m)}$$

$$a=0.5B-e=0.5 \times 3-0.635=0.865 \text{(m)}>B/6=3/6=0.5 \text{(m)}$$

作用于基础底部的平均压力和最大压力:

$$p=N_k/A=\frac{1222.4}{3 \times 3.2}=127.3 \text{(kN/m}^2)$$

$$p_{max}=\frac{2N_k}{3La}=\frac{2 \times 1222.4}{3 \times 3.2 \times 0.865}=294.4 \text{(kN/m}^2)$$

② 地基承载力特征值的修正及地基抗震承载力的确定。

由《地基基础规范》,对 $a_w>0.8$ 的红黏土:$\eta_b=0$,$\eta_d=1.2$,则

$$f_a=f_{ak}+\eta_d \gamma_0(d-0.5)=160+1.2 \times 18 \times (2.2-0.5)$$

$$=196.7 \text{(kN/m}^2)$$

由地基抗震承载力调整系数 $\xi_a=1.3$ 有:

$$f_{aE}=\xi_a f_a=1.3 \times 196.7=255.7 \text{(kN/m}^2)$$

③ 地基土抗震承载力验算。

$$p=127.3 \text{ kN/m}^2<f_{aE}=255.7 \text{ kN/m}^2$$

满足要求。

$$p_{max}=294.4 \text{ kN/m}^2<1.2f_{aE}=1.2 \times 255.7 \text{ kN/m}^2=306.8 \text{ kN/m}^2$$

满足要求。

④ 基础底面与地基土之间零应力区的长度。

$$B-3a=3-3 \times 0.865=0.405 \text{(m)}<15\%B=0.15 \times 3=0.45 \text{(m)}$$

满足要求。

2.3 液 化 土

2.3.1 地基土的液化概念

液化是指物体由固体转化为液体的一种现象。松散砂土受到振动时,土体有变密的趋势。由于地震突然作用,饱和砂土中的孔隙水来不及排出,孔隙水压力骤升,砂粒之间的有效应力随之降低,当孔隙水上升到使砂粒间的应力降为零时,砂土便呈流体状态。地震时,地表出现喷砂冒水的宏观现象,表明场地中的砂土层已产生液化,如图 2-5 所示。

图 2-5 地基土的液化

地基砂土液化,一方面会造成地基失效,地面震陷,致使建筑物下沉、倾斜甚至倒塌,同时,也有可能使地下管线、地下车库等浮托至地面而造成极大灾害。另一方面,由于临近地下水附近的场地,或基底呈一定坡度的场地,易出现液化的侧向扩展,引发场地土体的移动,产生地面大位移,结果导致场地失稳引起严重破坏。对液化地基、震陷地基和不均匀地基上建筑物有时可采用一些抗震措施来减少地基震害。

针对地基液化的危害,《抗震规范》有关条文提出了相应的对策。首先要对场地土进行液化判别。若属于液化土,则应确定地基的液化等级,然后根据液化等级和建筑抗震设防分类,选择合适的处理措施,包括地基处理和对上部结构采取加强整体性的相应措施。

2.3.2 地基土的液化判别

根据地震中地基土液化和不液化的大量实例,总结出一些规律,可用一些简单的参数来判别土层是否可能液化。《抗震规范》按初步判别和标准贯入试验判别两个步骤来判别土层是否液化。当初步判别还不能排除地基土液化的可能性时,就要采用标准贯入试验作为第二步判别的基本方法。第二步的作用是判别液化程度和液化后果,提出工程处理方法。

饱和砂土和粉土(不含黄土)的液化判别和地基处理,6度时,一般情况下可不进行判别和处理,但对液化沉陷敏感的乙类建筑可按7度的要求进行判别和处理;7～9度时,乙类建筑可按本地区抗震设防烈度的要求进行判别和处理。

(1) 进行初步判别

初步判别的目的在于初勘阶段即能判断出不液化的情况,这样在详勘阶段就不必考虑液化问题,从而节省详勘费用与时间。

饱和砂土或粉土(不含黄土),当符合下列条件之一时,可初步判别为不液化或可不考虑液化影响。

① 地质年代为第四纪晚更新世(Q3)及其以前时,7度、8度时可判为不液化。

② 粉土的黏粒(粒径小于0.005 mm的颗粒)含量百分率,7度、8度和9度分别不小于10%、13%和16%时,可判别为不液化土。(用于液化判别的黏粒含量是采用六偏磷酸钠作分散剂测定,采用其他方法时应按有关规定换算。)

③ 浅埋天然地基的建筑,当上覆非液化土层厚度和地下水位深度符合下列条件之一时,可不考虑液化影响:

$$d_u > d_0 + d_b - 2 \tag{2-7}$$

$$d_w > d_0 + d_b - 3 \tag{2-8}$$

$$d_w + d_u > 1.5d_0 + 2d_b - 4.5 \tag{2-9}$$

式中 d_w——地下水位深度,宜按设计基准期内年平均最高水位采用,也可按近期内年最高水位采用,m;

d_u——上覆盖非液化土层厚度,计算时宜将淤泥和淤泥质土层扣除,m;

d_b——基础埋置深度,不超过2 m时应采用2 m;

d_0——液化土特征深度,m,可按表2-6采用。

表2-6   液化土特征深度   (单位:m)

饱和土类别	7度	8度	9度
粉土	6	7	8
砂土	7	8	9

注:当区域的地下水处于变动状态时,应按不利的情况考虑。

地基土的液化整个判别过程如图2-6所示。

(2) 标准贯入试验判别

当饱和砂土、粉土的初步判别认为需进一步进行液化判别时,应采用标准贯入试验判别法判别地面下20 m范围内土的液化;但对可不进行天然地基及基础的抗震承载力验算的各类建筑,可只判别地面下15 m范围内土的液化。当饱和土标准贯入锤击数(未经杆长修正)小于或等于液化判别标准贯入锤击数临界值时,应判为液化土。当有成熟经验时,尚可采用其他判别方法。

在地面下20 m范围内,液化判别标准贯入锤击数临界值可按下式计算:

$$N_{cr} = N_0\beta[\ln(0.6d_s + 1.5) - 0.1d_w]\sqrt{3/\rho_c} \tag{2-10}$$

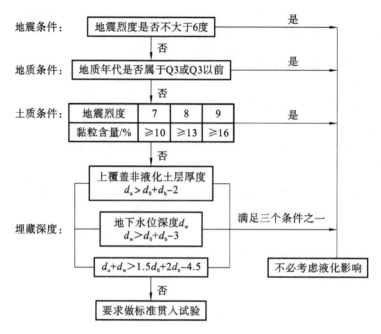

图 2-6　判别过程示意图

式中　N_{cr}——液化判别标准贯入锤击数的临界值；

　　　N_0——液化判别标准贯入锤击数基准值，可按表 2-7 采用；

　　　d_s——饱和土标准贯点深度，m；

　　　d_w——地下水位深度，m；

　　　ρ_c——黏粒含量百分率，当小于 3 或为砂土时，应采用 3；

　　　β——调整系数，设计地震第一组取 0.8，第二组取 0.95，第三组取 1.05。

表 2-7　　　　　　　　　　　　　液化判别标准贯入锤击数基准值 N_0

设计基本地震加速度(g)	0.10	0.15	0.20	0.30	0.40
液化判别标准贯入锤击数基准值(锤击数)	7	10	12	16	19

2.3.3　地基土的液化评价

对经过判别确定为地震时可能液化的土层，从工程的角度预估液化土可能带来的危害。一般液化土层越松，土层越厚，位置越浅，地震强度越高，则液化危害越大。

采用标准贯入试验，得到的是地表以下土层中若干个高程处的标准贯入值（锤击数），可相应判别该点附近土层的液化可能性，但是对地基液化的定性判别，还不能对液化程度及液化危害作定量评价。建筑场地一般是由多层土组成，其中一些土层被判别为液化，而另一些土层被判别为不液化，由于液化程度不同，对结构造成的破坏程度存在很大差异。因此，应进一步作液化危害性分析，对液化的严重程度作出评价，一般来讲，在同一地震烈度下，液化层的厚度越厚，埋藏越浅，地下水位越高，标准贯入锤击数实测值越大，液化就愈严重，带来的危害就愈大。液化指数比较全面地反映了上述各种因素的影响,存在液化砂土层、粉土层的地基,应探明各液化土层的深度和厚度,按表2-8综合划分地基的液化等级。

表2-8 液化等级与液化指数的对应关系

液化等级	轻微	中等	严重
液化指数 I_{lE}	$0 < I_{lE} \leqslant 6$	$6 < I_{lE} \leqslant 18$	$I_{lE} > 18$

注:液化指数参考有关抗震资料。

液化指数较大,液化危害普遍较重,场地喷砂冒水严重,涌砂量大,地面变形明显,覆盖面广;对于较不规则建筑,其不均匀沉降很大,高重心结构还会产生倾倒现象。

2.3.4 地基土抗液化措施

当地基已判别为液化,液化等级或震陷已确定后,下一步的工作就是选择抗液化措施。

抗液化措施的选择首先要考虑建筑物的重要性和地基液化等级,对不同重要性的建筑物和不同液化等级的地基,有不同的抗液化措施。

当液化砂土层、粉土层较平坦且均匀时,宜按表2-9选用地基抗液化措施;尚可计入上部结构重力荷载对液化危害的影响,根据液化震陷量的估计适当调整抗液化措施。不宜将未经处理的液化土层作为天然地基持力层。

表2-9 抗液化措施

抗震等级 设防类别	地基的液化等级		
	轻微	中等	严重
乙类	部分消除液化影响,或基础和上部结构处理	全部消除液化沉陷,或部分消除液化沉陷且基础和上部结构处理	全部消除液化沉陷
丙类	基础和上部结构处理,亦可不采取措施	基础和上部结构处理,或更高要求的措施	全部消除液化沉陷,或部分消除液化沉陷且基础和上部结构处理
丁类	可不采取措施	可不采取措施	基础和上部结构处理,或其他经济的措施

注:甲类建筑的地基抗液化措施应进行专门研究,但不宜低于乙类的相应要求。

当根据上述原则采取具体措施时,还应考虑当地的经济条件、机具设备、技术条件和材料来源等。选用地基抗液化措施大体上分为两方面,一方面进行地基抗液化处理,另一方面对结构构造采取措施。

全部消除地基液化沉陷的措施,一般包括采用桩基、深基础或深层加固,挖除全部液化土层。其应符合下列要求:

① 采用桩基时,桩端伸入液化深度以下稳定土层中的长度(不包括桩尖部分),应按计算确定,且对碎石土,砾、粗、中砂,坚硬黏性土和密实粉土尚不应小于0.8 m,对其他非岩石土尚不宜小于1.5 m。

② 采用深基础时,基础底面应埋入液化深度以下的稳定土层中,其深度不应小于0.5 m。

③ 采用加密法(如振冲、振动加密、挤密碎石桩、强夯等)加固时,应处理至液化深度下界;振冲或挤密碎石桩加固后,桩间土的标准贯入锤击数不宜小于《抗震规范》第4.3.4条规定的液化判别标准贯入锤击数临界值。

④ 用非液化土替换全部液化土层,或增加上覆非液化土层的厚度。

⑤ 采用加密法或换土法处理时,在基础边缘以外的处理宽度,应超过基础底面下处理深度的1/2且不小于基础宽度的1/5。

减轻液化影响的基础和上部结构处理,可综合采用下列各项措施:

① 选择合适的基础埋置深度。

② 调整基础底面积,减少基础偏心。

③ 加强基础的整体性和刚度,如采用箱形基础、筏形基础或钢筋混凝土交叉条形基础,加设基础圈梁等。

④ 减轻荷载,增强上部结构的整体刚度和均匀对称性,合理设置沉降缝,避免采用对不均匀沉降敏感的结构形式等。

⑤ 管道穿过建筑处应预留足够尺寸或采用柔性接头等。

2.4 软土地基

2.4.1 软土地基的震害

软土地基是指地基主要受力层范围内存在软弱黏性土层和湿陷性黄土层,软弱黏性土的地基承载力低、压缩性大,如设计不周全,施工质量不好,就会使房屋大量沉降和不均匀沉降,造成上部结构开裂。这样,在地震时就会加剧房屋的震害。

2.4.2 软土地基的抗震措施

常用的软弱黏性土地基的抗震措施有:采用桩基或地基加固处理,桩基比天然地基的震陷要小得多;选择合适的基础埋深;减小基础荷载,调整基础底面积和减小基础偏心,使建筑单元各部分基底压力尽可能均匀,以达到减小震陷与不均匀震陷的目的;加强基础的整体性与刚度,如采用箱形基础、筏形基础或钢筋混凝土十字条形基础;增加上部结构的整体刚度和均衡对称性,合理设置沉降缝,预留结构净空,避免采用对不均匀沉降敏感的结构形式;室内外管道的设置与连接应采用能适应不均匀沉降的措施。

⊙ 本 章 小 结

1. 在进行建筑物选址时,要注意场地地段的选择,挑选对建筑抗震有利的地段;尽可能避开对建筑抗震不利的地段;任何情况下均不得在抗震危险地段上建造可能引起人员伤亡或较大经济损失的建筑物。

2. 场地土按其剪切波速划分为 5 类,即岩石、坚硬土或软质岩石、中硬土、中软土、软弱土。对于丁类建筑及丙类建筑中层数不超过 10 层、高度不超过 24 m 的多层建筑,当无土层剪切波速时,可根据岩土名称和性状划分土的类型。

3. 建筑场地的特性对建筑物的地震反应有很大的影响,为此《抗震规范》将场地的类别划分为 I_0、I_1、II、III、IV 5 类,其分类的依据由土层等效剪切波速和覆盖层厚度两个因素决定。

4. 地基基础抗震的范围及其验算方法。

5. 土层的液化判别分两步进行:初步判别和标准贯入试验判别。对存在液化土层的地基,进行液化等级的划分,根据液化指数,可划分为三级。

6. 当地基已判别为液化,下一步的任务就是选择抗液化措施。选择抗液化措施时要考虑建筑物的重要性和地基液化等级,对不同重要性的建筑物和不同液化等级的地基,应采取不同的抗液化措施。

思考与练习

2-1 选择建筑场地的原则是什么?场地地段如何划分?场地土分哪几种类型?怎样划分建筑场地的类别?

2-2 简述地基基础抗震验算的原则。哪些建筑可不进行天然地基及基础的抗震承载力验算?为什么?

2-3 什么是地基土的液化?怎样判别地基土的液化?如何确定地基土液化的严重程度?简述地基土的抗液化措施。

2-4 在软弱黏性土地基上建造建筑物,应注意哪些问题?

习 题

已知某建筑场地的地质钻探资料如表 2-10 所示,试确定该建筑场地的类别。

表 2-10　　　　　　　　　　建筑场地的地质钻探资料

层底深度/m	土层厚度/m	土层名称	土层剪切波速/(m/s)
15	15	黏土	130
55	40	粉质黏土	260
88	33	泥岩强风化	900

3 地震作用和结构抗震验算

3.1 概　　述

3.1.1 地震作用和建筑结构地震反应

地震作用是指由地震动引起的结构动态作用,包括水平地震作用和竖向地震作用。

地震能量以地震波的形式从震源向四周扩散,地震波到达地面后引起地面运动,使地面原来处于静止的建筑物受到动力作用而产生强迫振动,我们将地震时由于地面加速度在结构上作用的惯性力称为结构的地震作用,它属于间接作用,其不仅与结构自身的动力特性,如结构的自振周期、振型、阻尼等有密切关系,而且还与地震时地面运动的特性,包括地面运动的强烈程度、频谱特性及持续时间有关。作用在结构上的惯性力可以理解为一种能反映地震影响的等效荷载。

地震作用与荷载不同,作用在结构上的荷载一般与结构的动力特性无关,比较容易确定。而地震时地面运动是一种随机过程,运动极不规则,且建筑物一般是由各种构件组成的空间体系,其动力特性十分复杂,所以确定地震作用要比确定一般荷载更为复杂。

由地震作用引起的结构内力、变形、位移及结构运动速度与加速度等统称为建筑结构地震反应,一般需要采用结构动力学方法求解。

3.1.2 地震作用计算理论简述

结构地震作用的计算理论经历了以下几个阶段。

3.1.2.1　静力理论阶段

20 世纪初由日本地震学家大森房吉提出,估算地震作用时不考虑地震和结构的动力特性,假设地震时的建筑物是刚性结构,如图 3-1 所示,结构上任意一点加速度都等于地震动加速度,惯性力在结构上的分布与质量分布成正比,结构所受的水平地震作用大小等于结构重量 G 乘以一个比例常数 k。由于静力理论忽视了实际结构的弹性性质和其有关的动力特性,尽管计算简单,但与实际情况不相符。

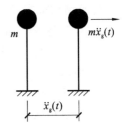

图 3-1　单质点体系

3.1.2.2　反应谱理论阶段

随着强震观测记录的增加以及对地震和结构动力特性的深入研究,20 世纪 40 年代,美国皮奥特(M. A. Biot)教授提出了从实际强震加速度时程记录中计算加速度反应谱的概念。反应谱理论建立以后,经过不断的补充完善,发展成为弹性反应谱理论(包括振型分解反应谱法和底部剪力法两种计算地震作用的方法)和弹塑性反应谱理论。

按照反应谱理论,一个单自由度弹性体系结构的底部剪力或地震作用大小为:

$$F = k\beta G \qquad (3-1)$$

式中　G——重力荷载代表值;

　　　β——动力系数,反映结构的特性,如周期、阻尼等。

反应谱理论以弹性反应谱为基础,将反应谱同结构振型分解法相结合,建筑总的内力通过各振型内力组合得到,从而使十分复杂的多自由度体系地震反应的求解变得简单。虽然反应谱理论考虑了结构动力特性所产生的共振效应,但在设计中仍把地震作用看作静力,因此只能称作准动力理论。

由于反应谱理论正确而简单地反映了地震特性以及结构的动力特性,国际上普遍采用此方法,我国《抗震规范》也采用反应谱理论确定地震作用,其中以加速度反应谱应用最多。

3.1.2.3　地震反应时程分析法

时程分析法也称为逐步积分法,根据输入的若干条地震加速度记录或人工加速度波形,对建筑结构动力增量微分方程直接进行积分,采用逐步积分法计算地震过程中每一时刻结构的地震作用效应,从而可以了解结构在地震中弹性、塑性以及倒塌等各阶段性能的变化情况。此方法便于处理结构非线性问题。

从地震三要素来看,反应谱理论仅考虑了地震动强度和频谱特性两个要素,但地震持续时间对震害的影响始终在设计理论中没有得到反映,这是反应谱理论的局限性。另外,反应谱法只能分析最大地震反应,而地震作用是一个时间过程,利用时程分析法可以反映结构地震反应随时间变化的全过程,由此可以找出各构件出现塑性铰的顺序,判别结构破坏机理。

与振型分解反应谱法相比,时程分析法已将抗震理论由等效静力分析进入直接动力分析,在结构抗震设计中可更真实地反映地震对结构的影响,是反应谱法很好的补充。时程分析法用于大震分析计算,借助计算机计算。

3.1.3 建筑结构抗震设计步骤

建筑结构抗震设计步骤如下：
① 计算建筑结构的地震作用；
② 计算结构、构件的地震作用效应；
③ 地震作用效应与其他荷载效应进行组合；
④ 验算结构和构件的抗震承载力及变形；
⑤ 建筑结构的抗震构造措施。

3.2 单质点弹性体系水平地震作用计算

3.2.1 单质点弹性体系

进行结构地震反应分析时，为了便于计算，需要把具体的结构体系在满足工程计算精度的要求下简化为质点体系。

3.2.1.1 概念

单质点弹性体系是指可以将结构参与振动的全部质量集中于一点，用无重量的弹性直杆支承于地面上的体系，如图 3-2 所示。如水塔、单层框架结构，通常将这些结构都简化成单质点体系。

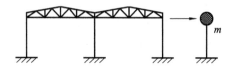

图 3-2 单质点弹性体系

3.2.1.2 计算简图

一个自由质点，如不考虑其转动，在空间可有 3 个独立的位移，因而有 3 个自由度（上下、左右、前后），而在平面内只有 2 个自由度。由于忽略了杆件的轴向变形，质点只考虑沿水平向移动，因此单质点体系只有 1 个自由度。

3.2.2 单质点弹性体系力学模型

计算单质点弹性体系的地震反应时，一般假定地基不产生转动，而把地基的运动分解为一个竖向和两个水平向的分量，然后分别计算这些分量对结构的影响。如图 3-3 所示，取质点 m 为隔离体，$x_g(t)$ 为地震时地面的水平位移 $x(t)$，质点对地面的相对位移为 $x(t)$，质点的总位移为 $x_g(t)+x(t)$，质点的绝对加速度为 $\ddot{x}_g(t)+\ddot{x}(t)$。由结构动力学原理可知，作用在质点上的力有 3 种：弹性恢复力、阻尼力和惯性力。

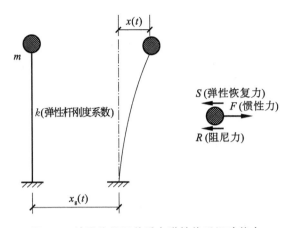

图 3-3 地震作用下单质点弹性体系运动状态

根据牛顿定律,当质点处于运动状态时,惯性力 F 的大小与质点运动的绝对加速度成正比,见式(3-2):

$$F = ma = -m[\ddot{x}_g(t) + \ddot{x}(t)] \tag{3-2}$$

负号表示惯性力方向与质点加速度方向相反。

3.2.2.1 弹性恢复力 S

弹性恢复力是使质点从振动位置恢复到平衡位置的一种力。它由弹性杆变形产生,其大小与质点 m 的相对位移 $x(t)$ 成正比,方向与位移方向相反,见式(3-3):

$$S = -kx(t) \tag{3-3}$$

式中,k 为弹性直杆的刚度系数,即质点发生单位水平位移时在质点处所施加的力。

3.2.2.2 阻尼力 R

阻尼力是指使结构的振动逐渐衰减的阻力。如来自结构材料的内摩擦,结构构件连接接头和支撑面的摩擦,结构周围介质以及地基土摩擦的能量耗散。在工程计算中通常采用黏滞阻尼理论,假定阻尼力的大小与质点的相对速度成正比,而方向相反,见式(3-4):

$$R = -c\dot{x}(t) \tag{3-4}$$

式中　c——阻尼系数;

　　$\dot{x}(t)$——质点速度。

3.2.3 单质点弹性体系在地震作用下的运动方程

根据达朗贝尔原理,物体在运动中的任一时刻 t,作用于物体的外力与惯性力相互平衡,见式(3-5):

$$F(t) + S(t) + R(t) = 0 \tag{3-5}$$

故运动方程为

$$m[\ddot{x}_g(t) + \ddot{x}(t)] = -kx(t) - c\dot{x}(t) \tag{3-6}$$

整理得

$$m\ddot{x}(t)+c\dot{x}(t)+kx(t)=-m\ddot{x}_{g}(t) \tag{3-7}$$

为使方程进一步简化,将式(3-7)两侧同除以 m,并引入参数 ω、ζ 后得到:

$$\ddot{x}(t)+2\zeta\omega\dot{x}(t)+\omega^{2}x(t)=-\ddot{x}_{g}(t) \tag{3-8}$$

式中　ω——结构振动圆频率,$\omega^{2}=k/m$;

　　　ζ——结构阻尼比,$\zeta=\dfrac{c}{2\omega m}=\dfrac{c}{2\sqrt{km}}$。

式(3-8)为所要建立的单质点弹性体系在地震作用下的运动微分方程。

3.2.4　运动方程求解

式(3-8)为一个二阶常系数非齐次线性微分方程,它的解包括两部分内容:一个是对应于齐次微分方程的通解,其代表体系自由振动;另一个对应于微分方程的特解,其代表地震作用下强迫振动。

3.2.4.1　单自由度体系的自由振动

式(3-8)所对应的齐次方程通解即为单质点弹性体系有阻尼自由振动方程,见式(3-9):

$$\ddot{x}(t)+2\zeta\omega\dot{x}(t)+\omega^{2}x(t)=0 \tag{3-9}$$

根据阻尼比大小不同有 3 种情况:当 $\zeta>1$ 时,为强阻尼状态,结构体系不振动;当 $\zeta<1$ 时,为弱阻尼状态,体系产生振动;当 $\zeta=1$ 时为临界阻尼状态,此时体系将发生振动。因此根据结构动力学可得到单质点弹性体系欠阻尼状态下的自由振动的解,见式(3-10):

$$x(t)=\mathrm{e}^{-\zeta\omega t}\left(x_{0}\cos\omega_{d}t+\frac{\dot{x}_{0}+\zeta\omega x_{0}}{\omega_{d}}\sin\omega_{d}t\right) \tag{3-10}$$

式中　$x_{0},\dot{x}_{0}$——$t=0$ 时的初位移和初速度;

　　　ω_{d}——有阻尼体系自由振动时的圆频率,$\omega_{d}=\omega\sqrt{1-\zeta^{2}}$。

在实际工程中,例如钢筋混凝土结构阻尼比 ζ 一般取 0.05,钢结构阻尼比 ζ 一般取 $0.02\sim0.04$,$\omega_{d}=\omega\sqrt{1-\zeta^{2}}=0.9987\sim0.9998$,计算中可近似取 $\omega_{d}\approx\omega$。当 $\zeta=0$ 时,为无阻尼状态,单质点弹性体系无阻尼自由振动见式(3-11):

$$x(t)=x_{0}\cos\omega t+\frac{\dot{x}_{0}}{\omega}\sin\omega t \tag{3-11}$$

无阻尼自由振动是一个简谐振动,其自振周期计算见式(3-12):

$$T=\frac{2\pi}{\omega}=2\pi\sqrt{\frac{m}{k}} \tag{3-12}$$

周期的倒数称为频率,即 $f=\dfrac{1}{T}=\dfrac{\omega}{2\pi}$,单位为赫兹(Hz),其表示每秒钟的振动次数。$\omega$ 称为圆频率,表示 2π 秒内的振动次数。频率或周期反映了结构的主要动力特性,其与体系的质量和刚度有关,质量越大则周期越长,刚度越大则周期越短。自振周期是体系的固有属性,与外力无关,又称为固有周期。

由图 3-4 中的曲线可知,无阻尼时振幅保持不变;有阻尼时振幅逐渐衰减,曲线随时

间 t 的增加而减小,阻尼比越大,振幅越小且衰减越快。

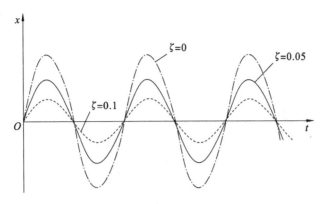

图3-4　不同阻尼比自由振动曲线

3.2.4.2　单自由度体系的强迫振动

强迫振动是指结构体系在动力荷载作用下产生的振动。式(3-8)右端 $\ddot{x}_g(t)$ 为建筑物所在场地的地面运动加速度,一般可通过实测取得地震加速度。由于地震动的随机性,对强迫振动反应不可能求得具体的解析表达式,只能利用数值积分的方法求出数值解。在动力学中,一般有阻尼强迫振动位移反应由杜哈梅(Duhamel)积分给出:

$$x(t) = \int_0^t dx(t) = -\frac{1}{\omega_d} \int_0^t \ddot{x}_g(\tau) e^{-\zeta\omega(t-\tau)} \sin\omega_d(t-\tau) d\tau \tag{3-13}$$

3.2.4.3　运动微分方程的全解

将式(3-10)与式(3-13)取和,即为式(3-8)常微分方程的全解。当结构体系初位移和初速度为零时,则体系自由振动反应为零;当结构体系初位移或初速度为零时,由于体系有阻尼,体系的自由振动也会很快衰减,式(3-10)通常可不考虑,而仅取强迫振动位移反应作为单自由度体系水平地震位移反应。

3.2.5　单质点弹性体系水平地震作用计算的反应谱法

3.2.5.1　地震反应谱

地震反应谱是指单质点体系的地震最大绝对加速度反应 S_a 与其自振周期 T 之间的关系曲线,根据地震反应内容的不同,可分为位移反应谱、速度反应谱及加速度反应谱。在结构抗震设计中,通常采用加速度反应谱,简称地震反应谱,记为 $S_a(T)$。影响地震反应谱的因素有两个:一个是结构体系阻尼比,另一个是地震地面加速度 $\ddot{x}_g(t)$。工程设计一般不需要求出整个地震反应过程中所有的变化值,而只需求出其中的最大绝对值,地震反应谱就是用来求最大地震反应的。

3.2.5.2　地震系数和动力系数

由地震反应谱可计算单质点体系水平地震作用,见式(3-14):

$$F = mS_a(T) \tag{3-14}$$

为方便计算,在式中引入能表示地面振动强弱的地震动峰值加速度 $|\ddot{x}_g(t)|_{max}$ 并将

其作如下变换：

$$F=m\left|\ddot{x}(t)+\ddot{x}_g(t)\right|_{\max}=mS_a(T)=mg\frac{S_a(T)}{\left|\ddot{x}_g(t)\right|_{\max}}\times\frac{\left|\ddot{x}_g(t)\right|_{\max}}{g}=G_E\beta k=\alpha G_E$$

$$(3-15)$$

式中　F——水平地震作用；

G_E——集中于质点处的重力荷载代表值；

g——重力加速度；

β——动力系数；

k——地震系数；

$S_a(T)$——单自由度体系在地震作用下最大反应加速度；

$\left|\ddot{x}_g(t)\right|_{\max}$——地面运动加速度最大绝对值；

α——水平地震影响系数。

（1）地震系数 k

$$k=\frac{\left|\ddot{x}_g\right|_{\max}}{g}$$

$$(3-16)$$

地震系数是地震动峰值加速度与重力加速度的比值[式(3-16)]，即是以重力加速度为单位的地震动峰值加速度。一般地，地面运动加速度峰值越大，地震烈度越高，即地震系数与地震烈度之间有一定的对应关系。大量统计分析表明，烈度每增加一度，地震系数 k 值大致增加一倍。《抗震规范》中采用的地震系数 k 与基本烈度的对应关系见表 3-1。

表 3-1　　　　　　　　　　　抗震设防烈度和地震系数 k 的对应关系

抗震设防烈度	6 度	7 度	8 度	9 度
地震系数 k	0.05	0.10(0.15)	0.20(0.30)	0.40

注：括号中数值对应于设计基本地震加速度为 0.15g 和 0.3g 的地区。

（2）动力系数 β

$$\beta=\frac{S_a(T)}{\left|\ddot{x}_g(t)\right|_{\max}}$$

$$(3-17)$$

动力系数 β 是单自由度体系最大绝对加速度与地面运动加速度最大绝对值的比值，其表达了质点的最大绝对加速度比地面运动最大加速度放大了多少倍。

当地面运动加速度记录 $\left|\ddot{x}_g(t)\right|_{\max}$ 和阻尼比 ζ 给定时，可根据不同的 T 值算出动力系数 β，从而得到一条 $\beta\text{-}T$ 曲线，这条曲线称为动力系数反应谱曲线（简称 β 谱曲线）。β 谱曲线是一种加速度反应谱曲线，其反映了地震时地面运动的频谱特性，对不同自振周期的建筑结构有不同的地震动力作用效应。

图 3-5 所示为 1940 年埃尔森特罗（El Centro）根据地震地面加速度记录绘制的 β 谱曲线，由反应谱曲线可得出下列特征。

① 阻尼比对结构影响很大，较小的阻尼比会减少峰值点。ζ 值越小，β 值就越大；不同阻尼比 ζ 对应的谱曲线，当结构的自振周期 T 与场地特征周期 T_g（或称场地卓越周期）接近时，结构地震反应最大，这种现象与结构在动荷载作用下的共振相似，因此

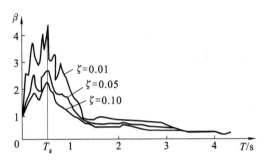

图 3-5 β-T 曲线(不同阻尼比)

在抗震设计中应使建筑物的自振周期远离场地的卓越周期,以免产生共振。

② 加速度反应谱在短周期部分峰值较高,周期较长时谱曲线数值逐渐减小。当 $T<T_g$ 时,β 值随周期的增大而迅速增加;当 $T>T_g$ 时,β 值随周期的增大而逐渐减小,并趋于平缓。

3.2.5.3   设计反应谱

地震反应谱除受结构体系阻尼比的影响外,还受地震动的振幅、频谱等的影响。由于地震的随机性,不同的地震记录,地震反应谱会不同,即使在同一地点、烈度相同,每次的地震记录也不一样,地震反应谱也不同。所以,不能用某一次的地震反应谱作为设计地震反应谱。因此,为满足一般建筑的抗震设计要求,应根据大量强震记录计算出每条记录的反应谱曲线,并按形状因素进行分类,然后通过统计分析,求出最有代表性的平均曲线,称为标准反应谱曲线,以此作为设计反应谱曲线。

3.2.5.4   地震影响系数 α

$$\alpha=\frac{mS_a}{G}=\frac{S_a}{g}=\beta k \tag{3-18}$$

为简化计算,将上述地震系数 k 和动力系数 β 用乘积 α 表示,称为地震影响系数。《抗震规范》就是以地震影响系数 α 作为抗震设计依据的,其数值应根据设防烈度、场地类别、设计地震分组以及结构自振周期和阻尼比确定。

3.2.6   地震影响系数曲线

由式(3-18)可知,α 与 β 仅相差一常系数,即地震系数 k,因此 α 的物理意义与 β 相同,是一种设计反应谱。将大量强震记录按场地、震中距进行分类,并考虑结构阻尼比的影响,然后对每种分类进行统计分析,求出平均 β 谱曲线,将 β 谱曲线转换为 α 谱曲线,作为抗震设计用标准反应谱曲线。我国《抗震规范》中采用的设计反应谱曲线(α-T 曲线)就是根据上述方法得出的,如图 3-6 所示。

地震影响系数 α 曲线的特征及有关参数说明如下。

① 当 $\zeta=0.05$ 时,地震影响系数 α 曲线由四部分组成,见图 3-6。

a. $0<T\leqslant 0.1$ s区段,α 为直线上升段,$T=0.1$ s 时:

$$\alpha=(0.45+5.5T)\alpha_{max} \tag{3-19}$$

b. $0.1~\mathrm{s} < T \leqslant T_\mathrm{g}$ 区段，α 为直线水平段：

$$\alpha = \alpha_{\max} \tag{3-20}$$

c. $T_\mathrm{g} < T \leqslant 5T_\mathrm{g}$ 区段，α 为曲线下降段：

$$\alpha = \left(\frac{T_\mathrm{g}}{T}\right)^\gamma \eta_2 \alpha_{\max} \tag{3-21}$$

d. $5T_\mathrm{g} < T \leqslant 6~\mathrm{s}$ 区段，α 为直线下降段：

$$\alpha = [\eta_2 0.2^\gamma - \eta_1(T - 5T_\mathrm{g})]\alpha_{\max} \tag{3-22}$$

式中　　α——地震影响系数；

　　　　T——结构自振周期；

　　　　$\alpha_{\max}$——地震影响系数最大值，按表 3-2 选用；

　　　　T_g——场地特征周期（设计特征周期），其值根据建筑物所在地区的场地类别和设计地震分组确定，按表 3-3 选用；

　　　　γ——曲线下降段的衰减指数；

　　　　η_1——直线下降段的下降斜率调整系数；

　　　　η_2——阻尼调整系数，小于 0.55 时，应取 0.55；

　　　　ζ——结构阻尼比，一般情况下，对钢筋混凝土结构取 $\zeta = 0.05$，对钢结构取 $\zeta = 0.02$。

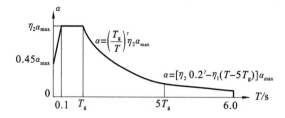

图 3-6　地震影响系数曲线

表 3-2　　　　　　　　　　　　　　　水平地震影响系数最大值

地震影响	抗震设防烈度			
	6 度	7 度	8 度	9 度
多遇地震	0.04	0.08(0.12)	0.16(0.24)	0.32
罕遇地震	0.28	0.50(0.72)	0.90(1.20)	1.40

注：括号中数值分别用于设计基本地震加速度为 $0.15g$ 和 $0.30g$ 的地区。

表 3-3　　　　　　　　　　　　　　　场地特征周期值　　　　　　　　　　　　　　　（单位：s）

设计地震分组	场地类别				
	I_0	I_1	II	III	IV
第一组	0.20	0.25	0.35	0.45	0.65
第二组	0.25	0.30	0.40	0.55	0.75
第三组	0.30	0.35	0.45	0.65	0.90

注：① 周期大于 6.0 s 的建筑结构所采用的地震影响系数应专门研究。

　　② 计算罕遇地震作用时，特征周期应增加 0.05 s。

② 阻尼对地震影响系数的影响。

当建筑结构的阻尼比不等于 0.05 时,地震影响系数曲线的阻尼调整系数和形状参数应符合下列规定。

a. 曲线下降段的衰减指数应按下式确定:

$$\gamma = 0.9 + \frac{0.05 - \zeta}{0.3 + 6\zeta} \tag{3-23}$$

b. 直线下降段的下降斜率调整系数应按下式确定:

$$\eta_1 = 0.02 + \frac{0.05 - \zeta}{4 + 32\zeta} \tag{3-24}$$

c. 阻尼调整系数应按下式确定:

$$\eta_2 = 1 + \frac{0.05 - \zeta}{0.08 + 1.6\zeta} \tag{3-25}$$

③ 根据抗震设计反应谱确定结构上所受的地震作用,计算步骤如下:

a. 根据已知条件确定结构的重力荷载代表值 G_E 和结构自振周期 T(若题目未直接给出数值,重力荷载代表值 G_E 和结构自振周期 T 按相关章节要求计算);

b. 根据结构所在地区的设防烈度、场地类别及设计地震分组,按表 3-2 和表 3-3 确定反应谱的水平地震影响系数最大值 α_{max} 和场地特征周期 T_g;

c. 根据结构的自振周期,按图 3-6 中相应的区段确定地震影响系数;

d. 根据式(3-15)得 $F_{Ek} = \alpha G_E$,计算出水平地震作用标准值。

【例 3-1】 某钢筋混凝土结构单质点弹性体系,结构自振周期 $T = 0.6$ s,质点重力荷载代表值 $G_E = 300$ kN,位于设防烈度为 8 度、设计基本加速度为 $0.20g$ 的地区,设计地震分组为第二组,场地类别为Ⅲ类场地土,试计算结构在多遇地震时的水平地震作用标准值。

【解】 ① 确定结构的重力荷载代表值 G_E 和结构自振周期 T。

由已知条件可知:重力荷载代表值 $G_E = 300$ kN,结构自振周期 $T = 0.6$ s。

② 确定水平地震影响系数最大值 α_{max} 和场地特征周期 T_g。

已知设防烈度为 8 度,设计基本加速度为 $0.20g$,查表 3-2 得多遇地震时水平地震影响系数最大值 $\alpha_{max} = 0.16$。

查表 3-3,Ⅲ类场地土且设计地震分组为第二组时,场地特征周期 $T_g = 0.55$ s。

③ 确定地震影响系数 α。

由图 3-6 可知,$T_g = 0.55$ s $< T = 0.6$ s $\leq 5T_g = 2.75$ s,α 位于曲线下降段。且 $\zeta = 0.05$,$\gamma = 0.9$,$\eta_1 = 0.02$,$\eta_2 = 1.0$,由式(3-21)得:

$$\alpha = \left(\frac{T_g}{T}\right)^{\gamma} \eta_2 \alpha_{max} = \left(\frac{0.55}{0.6}\right)^{0.9} \times 1.0 \times 0.16 = 0.148$$

④ 计算水平地震作用标准值 F_{Ek}。

$$F_{Ek} = \alpha G_E = 0.148 \times 300 = 44.40 \text{(kN)}$$

所以该结构在多遇地震作用下的水平地震作用标准值为 44.40 kN。

3.3　多质点弹性体系水平地震作用计算

多质点体系是指质点数量在两个以上,质点振动的自由度多于两个的体系。进行建筑结构地震反应分析,首先要确定结构的计算简图,除少数结构可以简化成单质点体系外,大多数建筑结构(如多、高层建筑,多跨不等高厂房)质量比较分散,则应简化为多质点体系进行分析。图 3-7 所示为某多层钢筋混凝土框架房屋,计算简图为一串有多质点的悬臂杆体系。其中质点 m 为第 m 层楼(屋)盖及其上、下各一半层高范围内的全部质量(根据第 3.5.2 节确定重力荷载代表值),并集中在楼面标高处。固端部位一般取至基础顶面或室外地面下 0.5 m 处。(H_1 取一层梁顶至柱嵌固部位的距离。)

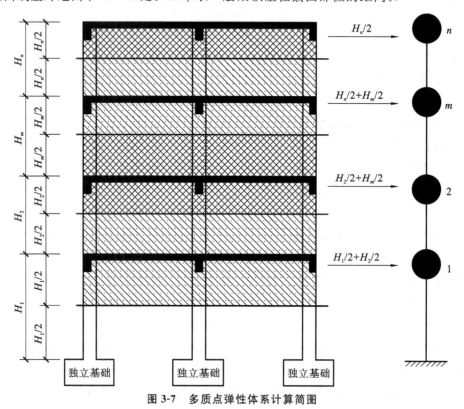

图 3-7　多质点弹性体系计算简图

3.3.1　水平地震作用的计算

工程上,多自由度弹性体系水平地震作用的计算一般采用振型分解反应谱法,在一定条件下,如房屋高度较低、比较规则的情况下,还可以采用简化的振型分解反应谱法——底部剪力法。这两种方法也是《抗震规范》中采用的方法。

3.3.1.1　振型分解反应谱法简介

振型分解反应谱法是在振型分解法和反应谱法的基础上发展起来的一种计算多质

点弹性体系地震作用的重要方法。振型分解反应谱法的主要原理是:首先,利用振型分解法的概念,将多自由度体系分解成若干个单自由度体系;其次,分别利用单自由度体系的反应谱,求出各振型的水平地震作用,并采用结构力学的方法求出相应作用效应(如弯矩、剪力、轴力等);最后,按一定的组合原则,将振型的作用效应进行组合,得到多自由度体系的水平地震作用效应。该方法简便实用,并通常采用电算。

3.3.1.2 底部剪力法

① 底部剪力法适用条件和特点。多自由度体系按振型分解法计算地震作用效应能取得比较精确的结果,但由于需要计算结构各自振型和频率,运算工作量较大。为简化计算,《抗震规范》规定必须满足下列条件:

a. 对于高度不超过 40 m,以剪切变形为主且质量和刚度沿高度分布比较均匀的结构;

b. 可近似于单质点体系的结构。

满足上述条件的结构振型具有以下特点:

a. 体系地震位移反应以基本振型为主;

b. 体系基本振型接近于倒三角形分布,如图 3-8 所示。

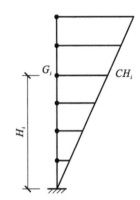

图 3-8 底部剪力法计算简图

② 底部剪力法的思路。如图 3-9 所示,首先把多质点体系各质点的质量求和并乘以 0.85,假定它为一个等效单质点体系,计算出作用于单质点体系总的地震作用,即底部的剪力;然后将总的地震作用按照一定规律分配到各个质点上,从而得到各个质点的水平地震作用;最后按结构力学方法计算出各层地震剪力及位移。

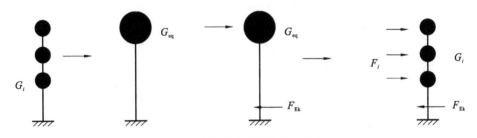

图 3-9 底部剪力法计算思路示意

③ 总水平地震作用标准值 F_{Ek}。根据底部剪力相等的原则,把多质点体系用一个与其基本周期相等的单质点体系代替。底部剪力计算见式(3-26):

$$F_{Ek} = \alpha_1 G_{eq} \tag{3-26}$$

式中 α_1——对应结构基本自振周期的地震影响系数,对于多层砌体房屋,可取水平地震影响系数最大值。

G_{eq}——结构等效总重力荷载代表值,计算见式(3-27):

$$G_{eq} = \xi G_E \tag{3-27}$$

G_E——结构总重力荷载代表值,计算见式(3-28):

$$G_E = \sum_{i=1}^{n} G_{Ei} \tag{3-28}$$

ξ——等效重力荷载系数,单质点 $\xi = 1$,多质点 $\xi = 0.85$。

④ 质点水平地震作用标准值 F_i。如图 3-8 所示,在满足底部剪力法的条件下,计算各质点的地震作用时,可仅考虑基本振型(即第一振型),忽略高阶振型影响。基本振型质点的相对水平位移 X_{1i} 与质点的计算高度 H_i 成正比,即 $X_{1i} = CH_i$,其中 C 为比例常数,所以,作用在第 i 质点上的水平地震作用标准值可写成

$$F_{ij} = \alpha_j \gamma_j CH_i G$$

得

$$F_i \approx F_{1i} = \alpha_1 \gamma_1 CH_i G_i \tag{3-29}$$

结构总水平地震作用标准值(底部剪力)计算见式(3-30):

$$F_{Ek} = \sum_{j=1}^{n} F_{1j} = \alpha_1 \gamma_1 C \sum_{j=1}^{n} (H_j G_j) \tag{3-30}$$

整理得

$$\alpha_1 \gamma_1 C = \frac{F_{Ek}}{\sum_{j=1}^{n} (H_j G_j)} \tag{3-31}$$

将式(3-31)代入式(3-29),可得各质点地震作用 F_i 的计算公式为:

$$F_i = \frac{H_i G_i}{\sum_{j=1}^{n} (H_j G_j)} F_{Ek} \tag{3-32}$$

式中　F_{Ek}——结构总水平地震作用标准值(底部剪力);

F_i——质点 i 的地震作用标准值;

G_i, G_j——集中于质点 i、j 的重力荷载代表值;

γ_1——第一振型的参与系数;

H_i, H_j——质点 i、j 的计算高度。

⑤ 层间剪力标准值 V_i,见式(3-33):

$$V_i = \sum_{j=i}^{n} F_j \tag{3-33}$$

式中　F_j——第 j 楼层质点受到的水平地震作用标准值。

⑥ 对底部剪力法的修正。当 $T > 1.4 T_g$ 时,由于高阶振型的影响,对于自振周期比较长的多层钢筋混凝土房屋、多层内框架砖房,经计算发现,按式(3-32)计算的结构顶部地震剪力偏小,故需进行调整。《抗震规范》调整的方法是将结构总地震作用的一部分作为集中力作用于结构顶部,再将余下的部分按倒三角形分配给各质点。《抗震规范》给出的修正方法如下。

a. 底部剪力 F_{Ek} 不变,仍按式(3-26)计算。

b. 当 $T_1 > 1.4 T_g$ 时,在结构顶部质点上附加一个地震作用 ΔF_n:

$$\Delta F_n = \delta_n F_{Ek} \tag{3-34}$$

各质点上的地震作用见式(3-35):

$$F_i = \frac{H_i G_i}{\sum\limits_{j=1}^{n}(H_j G_j)} F_{Ek}(1 - \delta_n) \qquad (3\text{-}35)$$

式中 δ_n——顶部附加地震作用系数,多层钢筋混凝土和钢结构房屋可按表 3-4 采用,其
他房屋可采用 0;

ΔF_n——顶部附加水平地震作用。

表 3-4   顶部附加地震作用系数

T_g	$T_1 > 1.4 T_g$	$T_1 \leqslant 1.4 T_g$
$T_g \leqslant 0.35$ s	$0.08 T_1 + 0.07$	
0.35 s $< T_g \leqslant 0.55$ s	$0.08 T_1 + 0.01$	0.0
$T_g > 0.55$ s	$0.08 T_1 - 0.02$	

注:T_1 为结构基本自振周期。

3.3.2　突出屋面结构的地震计算

历次震害表明,建筑物上局部突出屋面的屋顶间(电梯机房、水箱间)、女儿墙、烟
囱等附属结构,由于质量和刚度与下层相比急剧变小,地震时其振幅急剧增大而破坏,这一现象称为鞭端效应(又称鞭梢效应),如图 3-10 所示。当采用底部剪力法对有突出屋面的屋顶间、女儿墙、烟囱等多层结构进行抗震计算时,为方便计算,将房屋顶层局部突出部分作为体系的一个质点集中于顶层标高处,该质点上的地震作用乘以放大系数 3,不应向下传递,仅用于突出部分结构的计算。

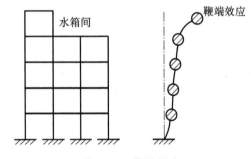

图 3-10　鞭端效应

但对于顶层带有空旷大房间或轻钢结构的房屋,不宜视为突出屋面的小屋并采用底部剪力法乘以增大系数的办法计算地震作用效应,而应视为结构体系的一部分,用振型分解反应谱法计算。

【例 3-2】　某三层钢筋混凝土框架结构大学教学楼,建造于基本烈度为 7 度、设计基本地震加速为 0.15g 的地区,场地土为 Ⅱ 类,设计地震分组为第二组,层高和各层重力荷载代表值如图 3-11 所示。经计算该结构的基本周期 $T=0.45$ s,$\zeta=0.05$,试用底部剪力法计算该框架结构在多遇地震下各层地震剪力标准值。

【解】　① 计算结构等效总重力荷载代表值。

$$G_{eq} = \zeta \sum_{k=i}^{n} G_k = 0.85 \times (400 + 500 + 600) = 1275(\text{kN})$$

② 确定水平地震影响系数最大值 α_{max} 和场地特征周期 T_g。

已知设防烈度为 7 度,设计基本地震加速度为 $0.15g$,查表 3-2 得多遇地震时水平地

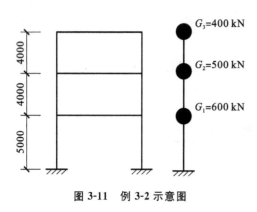

图 3-11 例 3-2 示意图

震影响系数最大值 $\alpha_{max}=0.12$。

查表 3-3，Ⅱ 类场地土且设计地震分组为第二组时，场地特征周期 $T_g=0.40$ s。

③ 确定地震影响系数 α。

由图 3-6 可知：

$$T_g=0.4 \text{ s} < T=0.45 \text{ s} \leqslant 5T_g=2 \text{ s}$$
$$\zeta=0.05, \quad \gamma=0.9, \quad \eta_1=0.02, \quad \eta_2=1.0$$

由式（3-21）得：

$$\alpha=\left(\frac{T_g}{T}\right)^\gamma \eta_2 \alpha_{max}=\left(\frac{0.40}{0.45}\right)^{0.9}\times 1.0 \times 1.2$$
$$=0.108$$

④ 计算结构总的水平地震作用标准值：

$$F_{Ek}=\alpha G_{eq}=0.108\times 1275=137.70(\text{kN})$$

⑤ 顶部附加水平地震作用。

由 $1.4T_g=0.56, T<1.4T_g$ 得

$$\delta_n=0, \quad \Delta F_n=\delta_n F_{Ek}=0$$

⑥ 计算各层的水平地震作用标准值：

$$F_i=\frac{H_i G_i}{\displaystyle\sum_{j=1}^n (H_j G_j)}F_{Ek}(1-\delta_n)$$

$$F_1=\frac{600\times 5}{600\times 5+500\times 9+400\times 13}\times 137.7=32.53(\text{kN})$$

$$F_2=\frac{500\times 9}{600\times 5+500\times 9+400\times 13}\times 137.7=48.79(\text{kN})$$

$$F_3=\frac{400\times 13}{600\times 5+500\times 9+400\times 13}\times 137.7=56.38(\text{kN})$$

⑦ 计算各层的层间剪力：

$$V_3=F_3=56.38(\text{kN})$$
$$V_2=F_2+F_3=48.79+56.38=105.17(\text{kN})$$
$$V_1=F_1+F_2+F_3=32.53+48.79+56.38=137.70(\text{kN})$$

3.3.3　楼层最小水平地震剪力规定

对长周期结构，由于地震影响系数在长周期段下降较快，计算所得的水平地震作用下的结构效应较小，地震作用中的地面运动速度和位移可能对结构的破坏具有更大影响，反应谱只反映加速度对结构影响，对长周期结构是不全面的。考虑结构安全，《抗震规范》提出了对结构总水平地震剪力及各楼层水平地震剪力最小值的要求，规定了不同烈度下的剪力系数。

结构抗震验算时，结构任一楼层的水平地震剪力应符合式（3-36）：

$$V_{Eki}>\lambda \sum_{j=i}^n G_j \tag{3-36}$$

式中　V_{Eki}——第 i 层对应于水平地震作用标准值的楼层剪力;

　　　λ——剪力系数,不应小于表 3-5 规定的楼层最小地震剪力系数值,对竖向不规则
　　　　　结构的薄弱层,尚应乘以 1.15 的增大系数;

　　　G_j——第 j 层的重力荷载代表值。

表 3-5　　　　　　　　　　　　　　**楼层最小地震剪力系数值**

类别	抗震设防烈度			
	6 度	7 度	8 度	9 度
扭转效应明显或基本周期小于 3.5 s 的结构	0.008	0.016(0.024)	0.032(0.048)	0.064
基本周期大于 5.0 s 的结构	0.006	0.012(0.018)	0.024(0.036)	0.048

注:① 基本周期介于 3.5 s 和 5 s 之间的结构,按插入法取值。
　　② 括号内数值分别用于设计基本地震加速度为 0.15g 和 0.30g 的地区。

对楼层最小剪力的控制是《抗震规范》的强制性条文,其限值要求适用于所有结构,反映了地震作用的不确定性以及地震动态作用中地面运动速度和位移可能对结构的破坏具有更大影响,以弥补加速度反应谱计算方法的不足。当底部总剪力不满足要求时,说明结构的总体侧向刚度偏小,应对所有楼层调整,满足最小地震剪力是后续抗震计算的前提,即只有通过最小地震剪力调整后,才能进行结构构件内力、位移和倾覆力矩等的调整。

3.3.4　结构基本自振周期的计算方法

用结构自由振动的方程求解基本周期的方法工作量大,当体系的质点数多于 3 个时,手算比较困难。工程上通常采用近似计算的方法,常用的结构基本周期的近似计算方法有能量法、顶点位移法及经验公式法。

3.3.4.1　瑞利(Rayleigh)法

瑞利法是根据体系在振动过程中的能量守恒原理导出的,又称能量法。本法常用于求解以剪切型为主的框架结构。由于框架结构可以用 D 值法直接求得层间变形,所以这一方法应用十分方便。

体系基本频率的近似计算公式为

$$\omega_1 = \sqrt{\dfrac{g\sum_{i=1}^{n}m_i\Delta_i}{\sum_{i=1}^{n}m_i\Delta_i^2}} \tag{3-37}$$

结构的基本周期为

$$T_1 = \frac{2\pi}{\omega_1} = 2\pi\sqrt{\dfrac{\sum_{i=1}^{n}G_i\Delta_i^2}{g\sum_{i=1}^{n}G_i\Delta_i}} \approx 2\sqrt{\dfrac{\sum_{i=1}^{n}G_i\Delta_i^2}{\sum_{i=1}^{n}G_i\Delta_i}} \tag{3-38}$$

式中 Δ_i——假想把各楼面处的重力荷载代表值 G_i 看作水平荷载,按弹性阶段计算所得的各层水平位移。

3.3.4.2 顶点位移法

基本原理:将结构按其质量分布情况,简化成有限个质点或无限个质点的悬臂直杆,然后求出以结构顶点位移表示的基本周期计算公式,即求出结构顶点水平位移,就可按公式计算出基本周期。本方法适用于质量及刚度沿高度分布比较均匀的任何体系结构。

根据《高层建筑混凝土结构技术规程》(JGJ 3—2010)中附录 C 的 C.0.2 条推荐:对于质量和刚度沿高度分布比较均匀的框架结构、框架-剪力墙结构和剪力墙结构,其结构自振周期可按下式计算:

$$T_1 = 1.7\sqrt{u_T} \tag{3-39}$$

式中 T_1——结构基本自振周期;

u_T——假想的结构顶点水平位移,即假想把集中在各楼层处的重力荷载代表值 G_i 作为该楼层水平荷载,并按该规程第 5.1 节的有关规定计算的结构顶点弹性水平位移。

3.3.4.3 经验公式法

在工程设计中,经常采用实测的经验公式来确定结构的基本周期。《建筑结构荷载规范》(GB 50009—2012)根据大量建筑物基本周期的实测结果,提出钢筋混凝土框架、框剪和剪力墙结构的基本自振周期可按下列规定采用。

① 钢筋混凝土框架和框剪结构的基本自振周期见式(3-40):

$$T_1 = 0.25 + 0.53 \times 10^{-3} \frac{H^2}{\sqrt[3]{B}} \tag{3-40}$$

② 钢筋混凝土剪力墙结构的基本自振周期见式(3-41):

$$T_1 = 0.03 + 0.03 \frac{H}{\sqrt[3]{B}} \tag{3-41}$$

式中 H——房屋主体结构高度,m;

B——房屋宽度,m。

3.4 竖向地震作用

地震作用不仅会引起建筑物水平向振动,还会引起建筑物竖向振动。震害调查表明,高烈度区结构受竖向地震影响明显,尤其对高柔的结构。唐山大地震中,烟囱在弯矩和剪力都等于或接近零的顶端,由于上下受拉产生大量以水平环缝为主要特征的震害现象,而在弯矩和剪力大的截面反而破坏很轻,这些表明了高震区竖向地震作用是不可忽略的。

需计算竖向地震作用的建筑结构主要有以下几类:

① 高(层、烈度):9 度时的高层建筑;

② 大(跨度):8 度区跨度大于 24 m 及 9 度区跨度大于 18 m 的结构;

③ 长(悬臂):8 度区悬臂长度大于 2 m 及 9 度区悬臂长度大于 1.5 m 的结构。

3.4.1 高层建筑的竖向地震作用

根据大量强震记录统计分析,竖向地震反应谱曲线的变化规律与水平地震反应谱曲线的变化规律相差不大,在竖向地震作用下计算可采用水平地震反应谱,竖向地震动加速度峰值为水平地震动加速度峰值的 1/2～2/3,因此,可近似取竖向地震影响系数最大值为水平地震影响系数最大值的 65%。此外,高层建筑及高耸结构的竖向振型规律与水平地震作用的底部剪力法要求的振型特点基本一致,且高层建筑结构基本周期较短,一般为 0.1～0.2 s,处于竖向地震影响系数曲线的水平段,因此,竖向地震影响系数可取最大值。

综上所述,可以参考采用水平地震作用的底部剪力法计算高层建筑结构的竖向地震作用,即首先确定结构底部总竖向地震作用,然后计算作用在结构各质点上的竖向地震作用,如图 3-12 所示。

$$F_{Evk} = \alpha_{vmax} G_{eq} \tag{3-42}$$

$$F_{vi} = \frac{H_i G_i}{\sum (H_j G_j)} F_{Evk} \tag{3-43}$$

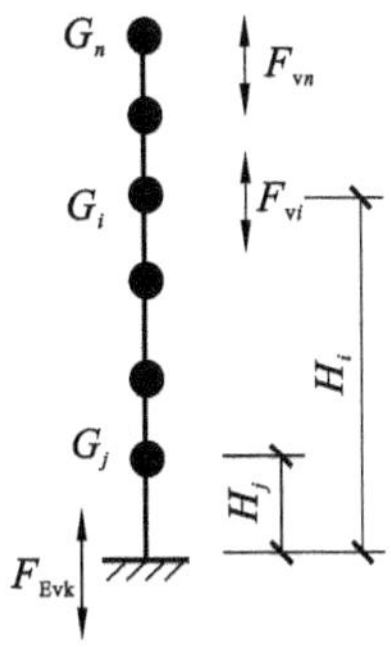

式中 F_{Evk}——结构竖向地震作用标准值;

F_{vi}——质点 i 的竖向地震作用标准值;

α_{vmax}——竖向地震影响系数的最大值,可取水平地震影响系数最大值的 65%;

图 3-12 结构竖向地震作用计算简图

G_{eq}——结构等效总重力荷载,可取其重力荷载代表值的 75%。

《抗震规范》规定,9 度时的高层建筑,竖向地震作用可按式(3-42)计算,楼层的竖向地震作用效应可按各构件承受的重力荷载代表值的比例分配,并宜乘以增大系数 1.5。本条规定根据我国台湾"9·21"大地震的经验,对高层建筑楼层的竖向地震作用效应乘以增大系数 1.5,使结构总竖向地震作用的标准值在 8 度和 9 度时分别略大于重力荷载代表值的 10% 和 20%。

3.4.2 网架及大跨度屋架

《抗震规范》规定,规则的平板型网架屋盖、跨度大于 24 m 的屋架、屋盖横梁及托架的竖向地震作用标准值,宜取其重力荷载代表值和竖向地震作用系数的乘积,其计算见式(3-44):

$$F_{Evk} = \lambda_{Ev} G_i \tag{3-44}$$

式中 F_{Evk}——结构或构件的竖向地震作用标准值;

G_i——结构或构件的重力荷载代表值;

λ_{Ev}——竖向地震作用系数,对于平板型网架和跨度大于 24 m 屋架、屋盖横梁及托架,按表 3-6 采用。

表 3-6 竖向地震作用系数 λ_{Ev}

结构类型	抗震设防烈度	场地类别		
		I	II	III、IV
平板型网架 钢屋架	8 度	可不计算(0.10)	0.08(0.12)	0.10(0.15)
	9 度	0.15	0.15	0.20
钢筋混凝土屋架	8 度	0.10(0.15)	0.13(0.19)	0.13(0.19)
	9 度	0.20	0.25	0.25

注:括号中数值用于设计基本地震加速度为 0.30g 的地区。

3.4.3 长悬臂及其他大跨度结构

长悬臂及其他大跨度结构的竖向地震作用标准值,8 度和 9 度可分别取该结构、构件重力荷载代表值的 10% 和 20%,设计基本地震加速度为 0.30g 时,可取该结构、构件重力荷载代表值的 15%。

大跨度空间结构的竖向地震作用,尚可按竖向振型分解反应谱方法计算。其竖向地震影响系数可采用《抗震规范》规定的水平地震影响系数的 65%,但特征周期可均按设计第一组采用。

3.5 抗震验算原则

3.5.1 地震作用计算的一般规定

3.5.1.1 各类建筑结构地震作用计算规定

① 一般情况下,应至少在建筑结构的两个主轴方向分别计算水平地震作用,各方向的水平地震作用应由该方向抗侧力构件承担。

② 由于地震可能来自于任意方向,有斜交抗侧力构件的结构,当相交角度大于 15° 时,应分别计算各抗侧力构件方向的水平地震作用。其中,"斜交抗侧力构件的结构"是指结构中任一构件与结构主轴方向斜交时,应按规范要求计算各抗侧力构件方向的水平地震作用。

③ 质量和刚度分布明显不对称的结构,应计入双向水平地震作用下的扭转影响;其他情况,应允许采用调整地震作用效应的方法计入扭转影响。

④ 8 度、9 度时的大跨度和长悬臂结构及 9 度时的高层建筑,应计算竖向地震作用。

⑤ 8 度、9 度时采用隔震设计的建筑结构,应按有关规定计算竖向地震作用。

3.5.1.2 各类建筑结构的抗震计算方法

在现行的抗震计算方法中有以下 3 种:基于反应谱理论的底部剪力法和振型分解反应谱法,以及将地震波直接输入求解的运动方程的时程分析法。适用范围如下。

① 高度不超过 40 m、以剪切变形为主且质量和刚度沿高度分布比较均匀的结构,以及近似于单质点体系的结构,可采用底部剪力法等简化方法。随着计算软件的普遍应用,实际工程中不宜采用底部剪力法,但作为概念设计重要内容,应理解底部剪力法的基本原理。

② 除上述 ① 以外的建筑结构,宜采用振型分解反应谱法。

③ 特别不规则的建筑、甲类建筑和表 3-7 所列高度范围的高层建筑,应采用时程分析法进行多遇地震下的补充计算;当取 3 组加速度时程曲线输入时,计算结果宜取时程法的包络值和振型分解反应谱法的较大值;当取 7 组及 7 组以上的时程曲线时,计算结果可取时程法的平均值和振型分解反应谱法的较大值。

采用时程分析法时,应按建筑场地类别和设计地震分组选用实际强震记录和人工模拟的加速度时程曲线,其中实际强震记录的数量不应少于总数的 2/3,多组时程曲线的平均地震影响系数曲线应与振型分解反应谱法所采用的地震影响系数曲线在统计意义上相符,其加速度时程的最大值可按表 3-8 采用。弹性时程分析时,每条时程曲线计算所得结构底部剪力不应小于振型分解反应谱法计算结果的 65%,多条时程曲线计算所得结构底部剪力的平均值不应小于振型分解反应谱法计算结果的 80%。

表 3-7　　　　　　　　　　采用时程分析的房屋高度范围　　　　　　　　　　（单位:m）

烈度、场地类别	房屋高度范围
8 度 Ⅰ、Ⅱ 类场地和 7 度	>100
8 度 Ⅲ、Ⅳ 类场地	>80
9 度	>60

表 3-8　　　　　　　　时程分析所用地震加速度时程的最大值　　　　　　　　（单位:cm/s²）

地震影响	抗震设防烈度			
	6 度	7 度	8 度	9 度
多遇地震	18	35(55)	70(110)	140
罕遇地震	125	220(310)	400(510)	620

注:括号内数值分别用于设计基本地震加速度为 0.15g 和 0.30g 的地区。

3.5.2　重力荷载代表值的计算

抗震设计时,在计算结构的水平地震作用和竖向地震作用标准值时,都要用到集中在质点处的重力荷载代表值 G_E。建筑的重力荷载代表值应取结构和构配件自重标准值和各可变荷载组合值之和,见式(3-45):

$$G_E = G_k + \sum_{i=1}^{n} \psi_{ci} Q_{ik} \tag{3-45}$$

式中　G_k——结构构件或配件的永久荷载标准值;

　　　Q_{ik}——第 i 个可变荷载标准值;

　　　ψ_{ci}——第 i 个可变荷载组合值系数,见表 3-9。

表 3-9　　　　　　　　　　　　可变荷载组合值系数

可变荷载种类		组合值系数
雪荷载		0.5
屋面积灰荷载		0.5
屋面活荷载		不计入
按实际情况计算的楼面活荷载		1.0
按等效均布荷载计算的楼面活荷载	藏书库、档案库	0.8
	其他民用建筑	0.5
起重机悬吊物重力	硬钩吊车	0.3
	软钩吊车	不计入

注：硬钩吊车的吊重较大时，组合值系数应按实际情况采用。

3.5.3　截面抗震验算

截面抗震验算是结构抗震截面设计的重要内容，目前结构构件截面抗震承载力验算基本上采用有关规范非抗震承载力设计值，采用承载力抗震调整系数进行调整，计算时采用直接将考虑地震效应的数值乘以 γ_{RE} 进行折减的办法。

3.5.3.1　基本规定

① 6 度时的建筑（不规则建筑及建造于Ⅳ类场地上较高的高层建筑除外），以及生土房屋和木结构房屋等，应符合有关的抗震措施要求，但应允许不进行截面抗震验算。其中，"较高的高层建筑"是指高于 40 m 的钢筋混凝土框架、高于 60 m 的其他钢筋混凝土民用房屋和类似的工业厂房，以及高层钢结构房屋。

② 6 度时不规则建筑、建造于Ⅳ类场地上较高的高层建筑，7 度和 7 度以上的建筑结构（生土房屋和木结构房屋等除外），应进行多遇地震作用下的截面抗震验算。6 度区的其他建筑一般不验算，主要原因是地震作用在结构设计中基本不起控制作用。

③ 采用隔震设计的建筑结构，其抗震验算应符合有关规定。

3.5.3.2　结构构件截面抗震验算

① 结构构件的地震作用效应和其他荷载效应的基本组合见式(3-46)：

$$S = \gamma_G S_{GE} + \gamma_{Eh} S_{Ehk} + \gamma_{Ev} S_{Evk} + \psi_w \gamma_w S_{wk} \tag{3-46}$$

式中　S——结构构件内力组合的设计值，包括组合的弯矩、轴向力和剪力设计值等。

γ_G——重力荷载分项系数，一般情况应采用 1.2，当重力荷载效应对构件承载能力有利时，不应大于 1.0；确定 γ_0 时，仅考虑重力荷载对结构有利和不利两种情况，不考虑由永久荷载控制的组合，即不取 1.35。

γ_{Eh}，γ_{Ev}——水平、竖向地震作用分项系数，应按表 3-10 采用。

γ_w——风荷载分项系数，应取 1.4。

S_{GE}——重力荷载代表值的效应，可按本书相关章节规定采用，但有吊车时，尚应包括悬吊物重力标准值的效应。

S_{Ehk}——水平地震作用标准值的效应,尚应乘以相应的增大系数或调整系数。

S_{Evk}——竖向地震作用标准值的效应,尚应乘以相应的增大系数或调整系数。

S_{wk}——风荷载标准值的效应。

ψ_w——风荷载组合值系数,一般结构取 0,风荷载起控制作用的建筑应取 0.2。

表 3-10 **地震作用分项系数**

地震作用	γ_{Eh}	γ_{Ev}
仅计算水平地震作用	1.3	0.0
仅计算竖向地震作用	0.0	1.3
同时计算水平与竖向地震作用(水平地震为主)	1.3	0.5
同时计算水平与竖向地震作用(竖向地震为主)	0.5	1.3

② 结构构件的截面抗震验算,见式(3-47):

$$S \leqslant \frac{R}{\gamma_{RE}} \tag{3-47}$$

式中 γ_{RE}——承载力抗震调整系数,除另有规定外,应按表 3-11 采用;

R——结构构件承载力设计值。

表 3-11 **承载力抗震调整系数**

材料	结构构件	受力状态	γ_{RE}
钢	柱,梁,支撑,节点板件,螺栓,焊缝	强度	0.75
	柱,支撑	稳定	0.80
砌体	两端均有构造柱、芯柱的抗震墙	受剪	0.90
	其他抗震墙	受剪	1.00
混凝土	梁	受弯	0.75
	轴压比小于 0.15 的柱	偏压	0.75
	轴压比不小于 0.15 的柱	偏压	0.80
	抗震墙	偏压	0.85
	各类构件	受剪、偏拉	0.85

注:当仅计算竖向地震作用时,各类结构构件承载力抗震调整系数均应取 1.0。

在表 3-11 中,承载力抗震调整系数 $\gamma_{RE} \leqslant 1$ 的原因如下:

a. 快速加载作用下材料强度比常规静力荷载下材料强度高,地震作用可看作是动力荷载,因此材料强度有所提高。

b. 地震作用是偶然作用,结构抗震可靠度要求可比承受其他荷载的可靠度要求低。

c. 为突出结构构件竖向承载能力的重要性,仅计算竖向地震作用时取 $\gamma_{RE} = 1$。

3.5.4 多遇地震作用下结构的弹性变形验算

抗震变形验算是满足建筑正常使用功能的重要措施,也是抗震性能设计的重要内容之一。为了确保"三水准两阶段"的设防目标实现,结构在多遇地震下基本保持弹性工作状态,除满足承载能力要求外还需严格控制弹性层间位移,避免结构的非结构构件(如隔墙和某些室内装修)在多遇地震下出现过重破坏,同时还要控制重要的抗侧力构件的开裂程度。弹性变形验算是第一水准设防要求,属于正常使用极限状态验算。通过参考国外规范、震害经验、试验研究结果和工程实例分析,采用层间位移角作为衡量结构变形能力从而判断结构是否满足建筑功能要求的指标是合理的。对表 3-12 所列各类结构应进行多遇地震作用下的抗震变形验算,其楼层内最大的弹性层间位移计算见式(3-48):

$$\Delta u_e \leqslant [\theta_e]h \tag{3-48}$$

式中　Δu_e——多遇地震作用标准值产生的楼层内最大的弹性层间位移;计算时,除去弯曲变形为主的高层建筑外,可不扣除结构整体弯曲变形;应计入扭转变形,各作用分项系数均应采用 1.0;钢筋混凝土结构构件的截面刚度可采用弹性刚度。

$[\theta_e]$——弹性层间位移角限值,宜按表 3-12 采用。

h——计算楼层层高。

表 3-12　　　　　　　　　　　　　弹性层间位移角限值

结构类型	$[\theta_e]$
钢筋混凝土框架	1/550
钢筋混凝土框架-抗震墙、板柱-抗震墙、框架-核心筒	1/800
钢筋混凝土抗震墙、筒中筒	1/1000
钢筋混凝土框支层	1/1000
多、高层钢结构	1/250

在表 3-12 中,弹性层间位移角限值主要依据国内外大量的试验研究和有限元分析结果来确定,以钢筋混凝土构件(框架柱、抗震墙等抗侧力构件)开裂时的层间位移角作为弹性层间位移角限值。弹性层间位移角是相对位移(相邻上层绝对位移与本层绝对位移的差值,即相邻两层的相对位移),而不是结构的绝对位移。

3.5.5　罕遇地震作用下结构的弹塑性变形验算

一般在罕遇地震作用下,地面运动加速度峰值是多遇地震的 4~6 倍。因此,在多遇地震烈度下处于弹性阶段的结构,在罕遇地震烈度下将进入弹塑性阶段,结构构件及节点接近或达到屈服,结构已没有足够的承载力储备。为了抵抗地震的持续作用,要求结构有较好的延性,通过发展塑性变形来消耗地震输入的能量。如果结构的变形能力不足,势必发生倒塌,因此,《抗震规范》对罕遇地震下结构的弹塑性变形验算进行了规定,以保证结构不致倒塌。弹塑性层间位移角限值是为保证在罕遇地震作用下,建筑主体结构遭受破坏或严重破坏时不倒塌,实现第三水准的设防要求。

3.5.5.1　建筑物弹塑性变形验算范围

① 下列结构应进行弹塑性变形验算:

a. 8 度Ⅲ、Ⅳ类场地和 9 度时,高大的单层钢筋混凝土柱厂房的横向排架;

b. 7～9 度时楼层屈服强度系数小于 0.5 的钢筋混凝土框架结构和框排架结构;

c. 高度大于 150 m 的结构;

d. 甲类建筑和 9 度时乙类建筑中的钢筋混凝土结构和钢结构;

e. 采用隔震和消能减震设计的结构。

② 下列结构宜进行弹塑性变形验算:

a. 本书表 3-7 所列高度范围且属于表 1-7 所列竖向不规则类型的高层建筑结构;

b. 7 度Ⅲ类、Ⅳ类场地和 8 度时乙类建筑中的钢筋混凝土结构和钢结构;

c. 板柱-抗震墙结构和底部框架砌体房屋;

d. 高度不大于 150 m 的其他高层钢结构;

e. 不规则的地下建筑结构及地下空间综合体。

3.5.5.2 结构在罕遇地震作用下薄弱层(部位)弹塑性变形计算方法

① 简化计算方法。不超过 12 层且层刚度无突变的钢筋混凝土框架和框排架结构、单层钢筋混凝土柱厂房可采用简化计算法,按简化计算时要确定结构薄弱层的位置。所谓结构薄弱层是指在强烈地震作用下结构首先发生屈服并产生较大弹塑性位移的部位。

震害分析表明:大震下一般会存在塑性变形较大的薄弱层,此薄弱层仅按承载力计算一般难以发现,首先因为结构构件的强度是按小震计算的,其次各截面实际的配筋与计算也不一致,造成结构各部位在大震下的效应增加的比例也不相同,从而使有些楼层率先屈服,形成塑性变形集中,随着地震强度的增加而进入弹塑性状态,形成薄弱层并可能造成结构的倒塌。

计算分析表明:结构的弹塑性层间变形沿高度分布是不均匀的,主要影响因素是楼层屈服强度的大小。在楼层屈服强度相对较小的薄弱部位,地震作用下将产生很大的塑性层间变形,而其他各层的层间变形相对较小,接近于弹性计算结果。因此,控制了薄弱层在罕遇地震下的变形,也就能确保结构的大震安全性。判别薄弱层部位和验算薄弱层的弹塑性变形也就成为第二阶段抗震设计(实现"大震不倒")的主要内容。对多层和高层建筑结构,楼层屈服强度系数计算见式(3-49):

$$\xi_{yi} = V_{yi}/V_{ei} \tag{3-49}$$

式中　ξ_{yi}——结构第 i 层楼层屈服强度系数;

　　V_{yi}——按钢筋混凝土构件实际配筋和材料强度标准值计算的第 i 层楼层受剪承载力;

　　V_{ei}——按罕遇地震作用标准值计算的第 i 层楼层弹性地震剪力。

a. 结构薄弱层(部位)的位置可按下列情况确定:

(a) 楼层屈服强度系数沿高度分布均匀的结构,可取底层;

(b) 楼层屈服强度系数沿高度分布不均匀的结构,可取该系数最小的楼层(部位)和相对较小的楼层,一般不超过 2～3 处;

(c) 单层厂房,可取上柱。

b. 弹塑性层间位移计算,见式(3-50)、式(3-51):

$$\Delta u_p = \eta_p \Delta u_e \qquad (3-50)$$

或

$$\Delta u_p = \mu \Delta u_y = \frac{\eta_p}{\xi_y} \Delta u_y \qquad (3-51)$$

式中　Δu_p——弹塑性层间位移。

　　　Δu_y——层间屈服位移。

　　　μ——楼层延性系数。

　　　Δu_e——罕遇地震作用下按弹性分析的层间位移。

　　　η_p——弹塑性层间位移增大系数,当薄弱层(部位)的屈服强度系数不小于相邻层(部位)该系数平均值的 0.8 时,可按表 3-13 采用;当不大于该平均值的 0.5 时,可按表内相应数值的 1.5 倍采用;其他情况可采用内插法取值。

表 3-13　　　　　　　　　　　　弹塑性层间位移增大系数

结构类型	总层数 n 或部位	ξ_y		
		0.5	0.4	0.3
多层均匀框架结构	2～4	1.30	1.40	1.60
	5～7	1.50	1.65	1.80
	8～12	1.80	2.00	2.20
单层厂房	上柱	1.30	1.60	2.00

② 结构薄弱层(部位)弹塑性层间位移验算见式(3-52):

$$\Delta u_p \leqslant [\theta_p]h \qquad (3-52)$$

式中　$[\theta_p]$——弹塑性层间位移角限值可按表 3-14 采用,对钢筋混凝土框架结构,当轴压比小于 0.40 时,可提高 10%;当柱子全高的箍筋构造比《抗震规范》第 6.3.9 条规定的体积配箍率大 30% 时,可提高 20%,但累计不超过 25%。

　　　h——薄弱层楼层高度或单层厂房上柱高度。

表 3-14　　　　　　　　　　　　弹塑性层间位移角限值

结构类型	$[\theta_p]$
单层钢筋混凝土柱排架	1/30
钢筋混凝土框架	1/50
底部框架砌体房屋中的框架抗震墙	1/100
钢筋混凝土框架-抗震墙、板柱-抗震墙、框架-核心筒	1/100
钢筋混凝土抗震墙、筒中筒	1/120
多、高层钢结构	1/50

③ 除上述第①条以外的建筑结构,可采用静力弹塑性分析方法或弹塑性时程分析法。

④ 规则结构可采用弯剪层模型或平面杆系模型,不规则结构应采用空间结构模型。

➡ 本章小结

1. 地震作用是地震时释放的能量部分以地震波的形式从震源向四周扩散,地震波到达地面后引起地面运动,使地面原来处于静止的建筑物受到动力作用而产生强迫振动,它属于间接作用,其不仅与结构自身的动力特性有关,而且还与地震时地面运动的特性有关。

2. 地震作用计算理论的三个发展阶段。结构地震作用的计算理论经历了以下三个阶段:静力理论阶段、反应谱理论阶段、地震反应时程分析法阶段。

3. 单质点弹性体系在水平地震作用下的运动微分方程。单质点弹性体系指可以将结构参与振动的全部质量集中于一点,用无重量的弹性直杆支承于地面上的体系。单质点体系的地震作用计算,通过建立和求解二阶常系数非齐次线性微分方程求得。

4. 地震影响系数曲线及各参数的理解和应用。地震系数 k、动力系数 β、地震影响系数 α、地震影响系数曲线、地震反应谱等内容是分析和计算结构地震作用的重要概念。

5. 多质点体系是指质点数量在 2 个以上,质点振动的自由度多于 2 个的体系。多质点弹性体系水平地震作用计算有 3 种计算方法,振型分解反应谱法和底部剪力法是基本方法,时程分析法作为补充计算方法对特别不规则、特别重要和较高高层建筑采用。一般为简化计算,对高度不超过 40 m,以剪切变形为主,质量和刚度沿高度分布均匀的结构采用底部剪力法。底部剪力法的计算思路为:先求出水平地震作用的总和 F_{Ek},然后按照一定的规律将它分配到各质点上去。

6. 竖向地震作用的计算条件:9 度时的高层建筑,8 度区大跨度结构及长悬臂结构。

7. 常用的结构自振周期的实用近似计算方法有能量法、顶点位移法及经验公式法。

8. 抗震验算原则主要包括:地震计算一般规定、重力荷载代表值的计算、截面抗震验算、多遇地震作用下结构的弹性变形验算和罕遇地震作用下结构的弹塑性变形验算等内容。

➡ 思考与练习

3-1 什么是地震作用? 地震作用与一般静荷载有何区别? 地震作用与哪些因素有关?

3-2 什么是动力系数、地震系数和地震影响系数? 三者有何关系? 地震影响系数曲线的特点是什么?

3-3 底部剪力法的适用范围、计算步骤和主要计算公式分别是什么?

3-4 什么时候考虑竖向地震影响? 如何确定结构竖向的地震作用?

3-5 什么是重力荷载代表值?

3-6 如何进行结构截面抗震承载力验算? 结构抗震变形验算内容有哪些?

3-7 什么是楼层屈服强度系数? 什么是结构薄弱层? 如何判别?

➡ 习 题

某四层钢筋混凝土框架结构办公楼,层高均为 3.6 m,重力荷载代表值分别为 $G_1=600$ kN,$G_2=G_3=500$ kN,$G_4=400$ kN。建筑物建造在抗震设防烈度为 8 度,设计基本地震加速度为 $0.30g$,设计地震分组为第三组,场地类别为 II 类场地土的地区,结构自振周期 $T=0.65$ s,$\zeta=0.05$。试用底部剪力法计算该框架结构在多遇地震下各层地震剪力标准值。

4　多层砌体房屋抗震设计

【学习目标】
　　熟悉多层砌体结构房屋震害现象及其原因；熟悉多层砌体房屋基本规定和抗震构造措施；掌握多层砌体房屋水平地震作用计算，培养进行砌体结构抗震验算的能力；掌握抗震构造措施的处理方法，学会砌体结构工程圈梁、构造柱的设置，按照抗震规范进行典型工程的分析和构造处理。

　　由砖砌体、石砌体、砌块砌体建造的结构，统称为砌体结构，在多层房屋建筑中被广泛采用，尤其是对量大面广的住宅应用更多。但砌体结构是采用普通砖、混凝土砖及多孔砖等脆性材料由砂浆砌筑而成的，整体性不好，因而一般的砌体结构房屋抗震性能较差，特别是未经抗震设计的多层砌体房屋更是在强震中普遍发生严重破坏。但是震害调查结果显示，在高烈度区，有些砖砌体结构房屋震后只有轻微的破坏，有的基本完好。这说明如果设计合理、构造措施得当，施工质量有保证，多层砌体房屋也可以满足抗震要求。

　　砌体房屋的抗震设计主要从以下几方面考虑。

　　首先进行建筑布置与结构选型（概念设计）：包括合理的建筑和结构布置，房屋总高度、总层数的限制等，主要目的是使房屋在地震作用下有较好的抗震性能。

　　其次进行抗震承载力验算（计算设计）：包括房屋总水平地震力计算以及每道墙体抗震承载力验算，确保房屋各部分墙体能均匀受力，不产生过大的内力或应力，有较大的抗震能力。

　　最后采取抗震构造措施（构造设计）：主要包括加强房屋整体性和构件间连接强度的措施，如构造柱、圈梁、拉结钢筋的布置，对墙体间咬砌及楼板搁置长度的要求等，以期达到在地震作用下房屋抗震"三水准"的要求。

4.1　多层砌体结构震害及分析

4.1.1　多层砌体房屋的震害及原因分析

震害的发生是由外部条件（地震动）和内部因素（结构特征）两方面原因造成的。

从结构特征方面考察可以发现：受力复杂、约束较弱、附属结构的部位是震害易于发生的地方。砌体结构房屋以砌筑的墙体为主要承重构件,地震时,砌体结构同时承受重力荷载和水平及竖向地震作用,受力复杂,结构破坏情况随结构类型和构造措施的不同而有所不同,大致有以下几种震害现象。

4.1.1.1 房屋倒塌

当房屋底部墙体不能抵抗强震作用下的剪力时,则易造成房屋下部特别是底层墙体开裂直至破坏,导致房屋底层倒塌,从而使房屋整体倒塌;当房屋上部自重大,刚度差或砌体强度差时,则易造成上部倒塌,并将下部砸坏。当个别部位整体性差,或平面、立面处理不当时,则易造成局部倒塌,如图 4-1 所示。

4.1.1.2 墙体的开裂破坏

墙体裂缝形式主要是斜裂缝、交叉裂缝、水平裂缝和竖向裂缝等,严重的裂缝可导致墙体破坏。斜裂缝主要是由于墙体在地震剪力作用下,其主拉应力超过了砌体抗拉强度而产生的,在地震力反复作用下砖墙又可形成斜向交叉裂缝。在纵向的窗间墙上易出现这种交叉缝,如图 4-2 所示。

图 4-1 汶川地震某宿舍楼局部倒塌　　图 4-2 汶川地震某砌体结构斜向交叉裂缝

水平裂缝大都发生在外纵墙窗口的上下截面处,其产生的主要原因是楼盖刚度差、横墙间距大,横向水平地震剪力不能通过楼盖传到横墙,引起纵墙在平面外受弯、受剪发生破坏。墙体与楼板的锚固连接较差时,也会产生水平裂缝。

当纵、横墙连接不好时,易产生竖向裂缝。

4.1.1.3 转角处墙体的破坏

墙角位于房屋尽端,房屋整体对其约束作用差,纵、横墙产生的裂缝往往在墙角处相遇;加之较为复杂的应力状态,应力也较为集中。因此,墙角墙体的破坏在震害中较为常见,尤其是房屋尽端处布置空旷房间时,横墙少,约束更差,更易产生这种形式的破坏,甚至造成建筑物转角处局部倒塌。

4.1.1.4 纵、横墙连接处的破坏

纵、横墙连接处破坏主要是因为纵、横墙间连接薄弱,比如,内外墙没有同时砌筑,施工缝留直槎,未按放坡留槎规定操作,未按要求设置拉结筋等施工质量问题;抗震设计未设置足够的圈梁、构造柱等设计质量问题,这些因素使墙体产生竖向裂缝,以致纵墙外闪甚至倒塌。

4.1.1.5　楼梯间砌体破坏

楼梯间墙体缺少与各层楼板的侧向支撑,有时还因为楼梯踏步削弱楼梯间的砌体,特别是楼梯间顶层砌体的无支撑高度为一层半,在地震中的破坏比较严重。图 4-3 所示为汶川地震房屋角部的楼梯间的破坏。

图 4-3　汶川地震房屋角部的楼梯间的破坏

4.1.1.6　出屋面附属结构的破坏

多层砌体房屋出屋面的附属物,如楼梯间、电梯间等小建筑,以及烟囱、女儿墙等,由于鞭端效应地震力被放大,若连接构造不力,在地震时最容易破坏。

4.1.1.7　预制楼盖的破坏

无论是整浇式还是装配式楼盖,在地震中很少因楼盖(或屋盖)本身承载力、刚度不足而造成破坏。整浇楼盖往往由于墙体倒塌而破坏;装配式楼盖则可能因在墙体上的支撑长度不足,或由于板与板之间缺乏足够的拉结而塌落。

楼盖的梁端则可能因支撑长度不足而自墙内拔出,造成梁的塌落。梁端若无梁垫或梁垫尺寸不足,在垂直方向地震作用下,梁下墙体出现垂直裂缝可将墙体压碎。

4.1.2　底部框架-抗震墙砌体房屋的震害及原因分析

底部框架-抗震墙砌体房屋主要指结构底层或底部两层采用钢筋混凝土框架的多层砌体房屋。这类结构类型主要用于底部需要大空间,而上面各层可采用较多纵、横墙的房屋,如底层设置商店、餐厅的多层住宅、旅馆、办公楼等建筑。

图 4-4 所示为底部框架-抗震墙砌体房屋的示意图,与底部框架-抗震墙相邻的上一层砌体楼层称为过渡层,在地震时该处破坏较重。这类房屋因底部刚度小,上部刚度大,竖向刚度急剧变化,抗震性能较差,地震时往往在底部出现变形集中,产生过大侧移而严重破坏,甚至倒塌。为了防止底部因变形集中而发生严重的震害,进行抗震设计时在结构底部加设抗震墙,不得采用纯框架布置。

图 4-4　底部框架-抗震墙砌体房屋

4.2 多层砌体结构抗震设计一般规定

抗震的概念设计反映在方案设计阶段,包括合理的建筑和结构布置;房屋的总高度和层数的限制、高宽比的限制、抗震墙间距的限制等,主要目的是使房屋总体受力合理,有较好的抗震性能。

4.2.1 多层砌体房屋结构布置

多层砌体房屋的结构选型和布置主要考虑建筑体型及其构件布置的规则性,首先建筑形状力求简单、规则,其次建筑平立面的刚度和质量力求对称、均匀。

地震震害调查表明,采用纵墙承重的多层砖房,因横向支撑少,纵墙极易受平面外弯曲破坏而导致结构倒塌。因此,多层砌体房屋的建筑布置和结构体系应符合下列要求。

① 应优先采用横墙承重或纵横墙共同承重的结构体系,不应采用砌体墙和混凝土墙混合承重的结构体系。

② 纵横向砌体抗震墙的布置应符合下列要求:

a. 宜均匀对称,沿平面内宜对齐,沿竖向应上下连续;且纵横向墙体的数量不宜相差过大。

b. 平面轮廓凹凸尺寸不应超过典型尺寸的 50%;当超过典型尺寸的 25% 时,房屋转角处应采取加强措施。

c. 楼板局部大洞口的尺寸不宜超过楼板宽度的 30%,且不应在墙体两侧同时开洞。

d. 房屋错层的楼板高差超过 500 mm 时,应按两层计算;错层部位的墙体应采取加强措施。

e. 同一轴线上的窗间墙宽度宜均匀;墙面洞口的面积,6 度、7 度时不宜大于墙面总面积的 55%,8 度、9 度时不宜大于 50%。

f. 在房屋宽度方向的中部应设置内纵墙,其累计长度不宜小于房屋总长度的 60%(高宽比大于 4 的墙段不计入)。

③ 房屋有下列情况之一时宜设置防震缝,缝两侧均应设置墙体,缝宽应根据烈度和房屋高度确定,可采用 70~100 mm:

a. 房屋立面高度差在 6 m 以上;

b. 房屋有错层,且楼板高度差大于层高的 1/4;

c. 各部分结构刚度、质量截然不同。

④ 楼梯间不宜设置在房屋的尽端或转角处。

⑤ 不应在房屋转角处设置转角窗。

⑥ 横墙较少、跨度较大的房屋,宜采用现浇钢筋混凝土楼盖、屋盖。

4.2.2 砌体房屋的总高度及层数限制

震害调查表明,随房屋层数增多,房屋的破坏程度随之加重。在不同烈度区,四、五层砖房屋的震害要比二、三层砖房屋的震害明显加重。在同一地区的房屋,层数多时其严重破坏以及倒塌的百分率也高得多。另外,对于一般建筑物,楼盖的重量占房屋层重的 35% 左右。当房屋总高度相同时,若增加一层楼盖就意味着增加半层楼的地震作用,大致相当于房屋增高了半层,故多层房屋的层数和高度应符合下列要求。

① 一般情况下,房屋的层数和总高度不应超过表 4-1 的规定。

表 4-1　　　　　　　　　　　**房屋的层数和高度限值**

房屋类别		最小抗震墙厚度/mm	抗震设防烈度和设计基本加速度										
			6 度		7 度				8 度				9 度	
			0.05g		0.10g		0.15g		0.20g		0.30g		0.40g	
			高度	层数	高度	层数	高度	层数	高度	层数	高度	层数	高度	层数
多层砌体房屋	普通砖	240	21	7	21	7	21	7	18	6	15	5	12	4
	多孔砖	240	21	7	21	7	18	6	18	6	15	5	9	3
	多孔砖	190	21	7	18	6	15	5	15	5	12	4	—	—
	小砌块	190	21	7	21	7	18	6	18	6	15	5	9	3
底部框架-抗震墙砌体房屋	普通砖多孔砖	240	22	7	22	7	19	6	16	5	—	—	—	—
	多孔砖	190	22	7	19	6	16	5	13	4	—	—	—	—
	小砌块	190	22	7	22	7	19	6	16	5	—	—	—	—

注:① 房屋的总高度指室外地面到主要屋面板板顶或檐口的高度,半地下室从地下室室内地面算起,全地下室和嵌固条件好的半地下室应允许从室外地面算起;对带阁楼的坡屋面应算到山尖墙的 1/2 高度处。
② 室内外高度差大于 0.6 m 时,房屋总高度应允许比表中的数据适当增加,但增加量应少于 1.0 m。
③ 乙类的多层砌体房屋仍按本地区设防烈度查表,其层数应减少一层且总高度应降低 3 m;不应采用底部框架-抗震墙砌体房屋。
④ 本表小砌块砌体房屋不包括配筋混凝土小型空心砌块砌体房屋。

② 横墙较少的多层砌体房屋,总高度应比表 4-1 的规定降低 3 m,层数相应减少一层;对各层横墙很少的多层砌体房屋,还应再减少一层。横墙较少是指同一楼层内开间大于 4.2 m 的房间占该层总面积的 40% 以上;其中,开间不大于 4.2 m 的房间占该层总面积不到 20% 且开间大于 4.8 m 的房间占该层总面积的 50% 以上为横墙很少。

③ 设防烈度为 6 度、7 度时,横墙较少的丙类多层砌体房屋,当按规定采取加强措施并满足抗震承载力要求时,其高度和层数应允许仍按表 4-1 的规定采用。

另外,砌体在地震发生时墙体一旦开裂,持续的地面运动就有可能使破裂墙体发生平面错动,从而降低墙体的竖向承载力。上面的层数多且重量大时,已破碎和错位的墙体就可能被压垮,导致房屋整体倒塌。因此,多层砌体承重房屋的层高,不应超过 3.6 m。底部框架-抗震墙砌体房屋的底部,层高不应超过 4.5 m;当底层采用约束砌体抗震墙时,底层的层高不应超过 4.2 m。当使用功能确有需要时,采用约束砌体等加强措施的普通砖房屋,层高不应超过 3.9 m。

4.2.3 多层砌体房屋高宽比限制

房屋的总高度与总宽度的比值称为房屋高宽比,震害调查表明,在 8 度地震区,五、六层的砖混结构房屋都发生较为明显的整体弯曲破坏,底层外墙产生水平裂缝并向内延伸至横墙。当烈度高、房屋高宽比大时,地震作用所产生的倾覆力矩所引起的弯曲应力很容易超过砌体的弯曲抗拉强度而导致砖墙出现水平裂缝,故多层砌体房屋的总高度与总宽度的最大比值应符合表 4-2 的要求。

表 4-2　　　　　　　　　　　　房屋最大高宽比

抗震设防烈度	6 度	7 度	8 度	9 度
最大高宽比	2.5	2.5	2.0	1.5

注:① 单面走廊房屋的总宽度不包括走廊宽度。

　　② 建筑平面接近正方形时,其高宽比宜适当减少。

4.2.4 砌体房屋抗震墙的间距限制

房屋空间刚度对抗震性能影响很大,房屋空间刚度取决于楼屋盖与纵、横墙的布置。横墙数量多,间距小,房屋的空间刚度大,抗震性能就好;多层砌体房屋的横向地震力主要由横墙承担,横墙除抗震验算保证足够的承载力外,还应保证楼盖具有能将地震力传递给横墙的水平刚度。房屋抗震横墙的间距不应超过表 4-3 的要求。

表 4-3　　　　　　　　　房屋抗震横墙的间距　　　　　　　　(单位:m)

房屋类别		抗震设防烈度			
		6 度	7 度	8 度	9 度
多层砌体房屋	现浇或装配整体式钢筋混凝土楼盖、屋盖	15	15	11	7
	装配钢筋混凝土楼盖、屋盖	11	11	9	4
	木屋盖	9	9	4	—
底部框架-抗震墙砌体房屋	上部各层	同多层砌体房屋			—
	底层或底部两层	18	15	11	—

注:① 多层砌体房屋的顶层,除木屋盖外的最大横墙间距应允许适当放宽,但应采取相应加强措施。

　　② 多孔砖抗震横墙厚度为 190 mm 时,最大横墙间距应比表中数值减少 3 m。

4.2.5 多层砌体房屋的局部尺寸限制

多层砌体结构的窗间墙、尽端墙段、女儿墙等部位在强烈地震作用下,最易发生破坏。因此,对这些薄弱部位的尺寸应加以限制。多层砌体房屋中砌体墙段的局部尺寸限制,宜符合表 4-4 的要求。

表 4-4	房屋的局部尺寸限制			（单位：m）
部位	6 度	7 度	8 度	9 度
承重窗间墙最小宽度	1.0	1.0	1.2	1.5
承重外墙尽端至门窗洞边的最小距离	1.0	1.0	1.2	1.5
非承重外墙尽端至门窗洞边的最小距离	1.0	1.0	1.0	1.0
内墙阳角至门窗洞边的最小距离	1.0	1.0	1.5	2.0
无锚固女儿墙（非出入口处）的最大高度	0.5	0.5	0.5	0.0

注：① 局部尺寸不足时，应采取加强措施弥补；且最小宽度不宜小于 1/4 层高和表列数据的 80%。

② 出入口处的女儿墙应有锚固。

4.2.6　砌体房屋对材料的要求

抗震结构在材料的选用、施工程序特别是材料代用上有其特殊的要求，主要目的是减少材料的脆性和贯彻设计意图。结构材料性能指标应符合下列要求。

① 砌体结构应符合下列规定：

a. 普通砖和多孔砖的强度等级不应低于 MU10，其砌筑砂浆强度等级不应低于 M5；蒸压灰砂砖和蒸压粉煤灰及混凝土砖的强度等级不应低于 MU15，其砌筑砂浆强度等级不应低于 Ms5（Mb5）。

b. 混凝土砌块墙的强度等级不应低于 MU7.5，其砌筑砂浆强度等级不应低于 Mb7.5。

c. 约束砖砌体墙，其砌筑砂浆强度等级不应低于 M10 或 Mb10。

② 混凝土材料应符合下列规定：

a. 托梁，底部框架-抗震墙砌体房屋中的框架梁、框架柱、节点核心区、混凝土墙和过渡层底板，其混凝土强度等级不应低于 C30。

b. 构造柱、圈梁，水平现浇混凝土带及其他各类构件不应低于 C20。

③ 钢筋材料应符合下列规定：

a. 钢筋宜选用 HRB400 钢筋和 HRB335 钢筋，也可采用 HPB300 钢筋。

b. 托梁，框架梁、框架柱等混凝土构件和落地混凝土墙，其普通受力钢筋宜优先选用 HRB400 钢筋。

4.3　多层砌体房屋抗震验算

多层砌体结构所受地震作用主要包括水平地震作用、竖向地震作用和扭转作用。对一般规则结构来说，竖向地震作用可以不考虑，通过方案设计时的结构合理布局、在平面布置中主要结构构件的对称均匀布置可以忽略扭转作用的影响。因此，对多层砌体结构的抗震计算,一般只需进行水平地震作用下的计算,计算的目的是保证对薄弱区段的墙体有足够的抗震抗剪承载力。

多层砌体结构的抗震验算,一般分三个步骤:首先确定计算简图及进行水平地震作用计算,然后进行墙体地震剪力分配,最后对不利墙段进行抗震承载力验算。

4.3.1 砌体结构计算简图

多层砌体房屋受水平地震作用计算时,应以防震缝所划分的结构单元作为计算单元,可做以下假定:

① 房屋楼盖水平刚度无限大,可认为仅做平移运动,各抗侧力构件在同一楼层标高处侧移相同。

② 各楼层质点重力荷载应集中到楼盖、屋盖标高处,这些荷载包括楼盖、屋盖自重,活荷载组合值及上下各半层的墙体、构造柱重量之和。

③ 若多层砌体房屋的建筑布置及结构选型满足有关规定,可只考虑两个主轴方向的抗震计算,忽略房屋的扭转效应。

④ 当砌体房屋的高宽比满足规定要求时,可认为砌体房屋在水平地震作用下的变形以层间剪切变形为主。

根据以上假定,多层砌体房屋在水平地震作用下的计算简图可采用层间剪切型,对于图 4-5(a)所示的一般多层砌体结构,可以采用图 4-5(b)所示的计算简图。

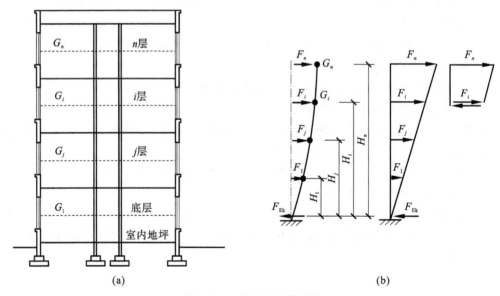

图 4-5 一般多层砌体结构

(a) 结构图;(b) 计算简图

在计算简图中,底部固定端按下列规定确定:当基础埋置较浅时,取为基础顶面;当基础埋深较深时,取为室外地坪下 0.5 m;当设有整体刚度很大的全地下室时,则取为地下室顶板顶部;当地下室整体刚度较小或为半地下室时,则取为地下室室内地坪处,此时,地下室顶板也算一层楼面。

4.3.2　水平地震作用的计算

多层砌体结构房屋可按底部剪力法计算地震作用。由于砌体房屋的刚度较大,基本周期短,对大量实际砌体结构的现场动力测试表明,多层砌体房屋的基本周期,一般处于《抗震规范》所规定的反映谱的最短平台阶所覆盖的周期范围内。因此,可取结构的底部剪力为:

$$F_{Ek} = \alpha_{max} G_{eq} \tag{4-1}$$

$$G_{eq} = 0.85 \sum_{i=1}^{n} G_i \tag{4-2}$$

式中　F_{Ek}——结构总的水平地震作用标准值;

　　　α_{max}——水平地震影响系数最大值;

　　　G_{eq}——结构等效总重力荷载;

　　　G_i——集中于第 i 质点的重力荷载代表值。

因多层砌体结构在线弹性变形阶段的地震作用基本上按倒三角形分布,故取 $\delta_n = 0$。这样,第 i 层的水平地震作用标准值 F_i 为:

$$F_i = \frac{G_i H_i}{\sum_{j=1}^{n} (G_j H_j)} F_{Ek} \tag{4-3}$$

式中　G_i, G_j——集中于质点 i、j 的重力荷载代表值;

　　　H_i, H_j——质点 i、j 的计算高度。

作用于第 i 层的楼层地震剪力标准值 V_i 为第 i 层以上的地震作用标准值之和,即:

$$V_i = \sum_{j=i}^{n} F_j \tag{4-4}$$

式中　V_i——第 i 楼层的层间剪力标准值。

在计算突出屋面的屋顶间、女儿墙、烟囱等时,其地震作用效应应乘以地震增大系数3,以考虑鞭端效应。但此增大部分不再往下传递。

另外,楼层的水平地震作用剪力不宜过小,抗震验算时,结构任一楼层的水平地震作用剪力应符合下式要求:

$$V_{Eki} > \lambda \sum_{j=i}^{n} G_j \tag{4-5}$$

式中　V_{Eki}——第 i 层对应于水平地震作用标准值的楼层剪力;

　　　λ——剪力系数,不应小于规定值;

　　　G_j——第 j 层的重力荷载代表值。

【例 4-1】　某四层砖砌体房屋,尺寸如图 4-6 所示。抗震设防烈度为 7 度。楼盖及屋盖均采用预应力混凝土空心板,横墙承重。楼梯间突出屋顶。除图中注明者外,窗口尺寸为 1.5 m×2.1 m,门洞尺寸为 1.0 m×2.5 m。试计算该楼房楼层地震剪力。

【解】　① 计算楼层重力荷载代表值。

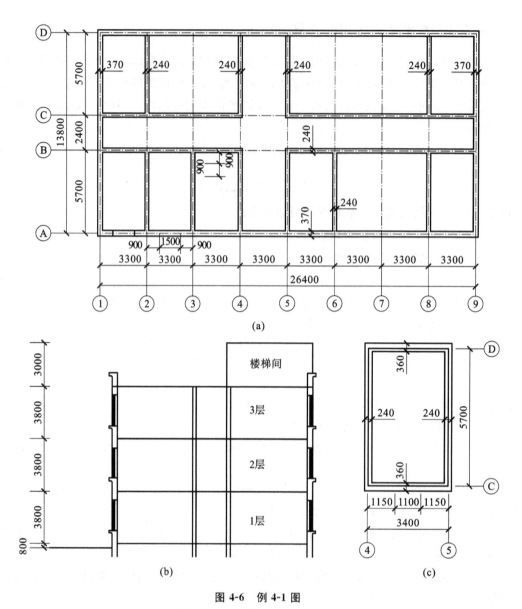

图 4-6 例 4-1 图

(a) 首层平面;(b)剖面图;(c)屋顶间平面图

恒荷载(楼层及墙重)取100%,楼(屋)面荷载取50%,经计算得:

屋顶间 $G_4 = 210$ kN;三层 $G_3 = 3760$ kN;二层 $G_2 = 4410$ kN;一层 $G_1 = 4840$ kN。

② 计算结构总的地震作用标准值。

设防烈度7度,则 $\alpha_{max} = 0.08$,所以

$$F_{Ek} = 0.08 \times \left(0.85 \times \sum_{i=1}^{n=5} G_i \right) = 899 \text{(kN)}$$

③ 计算楼层地震剪力。

计算过程见表4-5。

表 4-5

楼层地震剪力计算

层号	G_i/kN	H_i/m	$G_iH_i/$ $(kN \cdot m)$	$\dfrac{G_iH_i}{\sum\limits_{j=1}^{4}(G_jH_j)}$	F_i/kN	V_i/kN
4（屋顶间）	210	14.6	3066	0.0297	26.7	（3×26.7＝82.8）
3	3760	11.6	43616	0.422	379.4	406.1
2	4410	8	35280	0.342	307.5	713.6
1	4840	4.4	21296	0.206	185.2	898.8
$\sum$	11237	—	103258	—	899	—

4.3.3 楼层水平地震剪力的分配

楼层剪力算出后,还应进一步把楼层地震剪力分配到各片墙及其墙肢上。当抗震横墙间距不超过《抗震规范》7.1.5 条规定的限值时,楼层地震剪力 V_i 一般假定由各层与 V_i 方向一致的各抗震墙体共同承担。即在进行横向抗震验算时,楼层剪力全部由横墙承担,进行纵向抗震验算时,楼层剪力全部由纵墙承担。V_i 在各墙体的分配主要取决于楼盖的水平刚度和墙体的侧向刚度。

4.3.3.1 墙体的侧向刚度计算

假定墙体下端固定,上端嵌固,则在墙体顶端加一单位力所产生的侧移 δ 称为该墙体的侧移柔度,侧移柔度的倒数即为墙体的侧向刚度 K(若使墙体顶端产生的单位侧移所施加的力为 K,则称 K 为该构件的侧向刚度),$K=1/\delta$。

进行多层砌体房屋的抗震分析时,需要确定墙体的层间侧向等效刚度。如各层楼盖仅发生平移而不发生转动,如图 4-7 所示,多层砌体房屋的墙体墙顶作用单位水平时,其侧向变形包括弯曲变形和剪切变形,如图 4-8 所示。

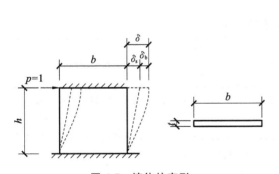

图 4-7 墙体的变形

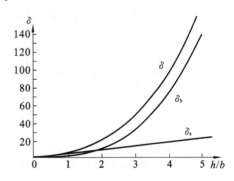

图 4-8 弯曲变形与剪切变形对比

弯曲变形:

$$\delta_b = \frac{h^3}{12EI} = \frac{1}{Et}\left(\frac{h}{b}\right)^3 \tag{4-6}$$

剪切变形:

$$\delta_s = \frac{\xi h}{AG} = \frac{1}{Et} \cdot \frac{h}{b} \cdot 3 \tag{4-7}$$

式中 h——墙体、门间墙或窗间墙高度;

b, t——墙体、墙段的宽度和厚度;

A——墙体、门间墙或窗间墙的水平截面面积,$A = bt$;

I——墙体、门间墙或窗间墙的水平截面惯性矩,$I = \frac{1}{12} b^3 t$;

ξ——截面剪应力分布不均匀系数,对矩形截面取 $\xi = 1.2$;

E——砌体的弹性模量;

G——砌体的剪切模量,取 $G = 0.4E$。

这样,墙体在单位力作用下总的变形为

$$\delta = \delta_b + \delta_s = \frac{1}{Et} \left[\left(\frac{h}{b} \right)^3 + 3 \times \frac{h}{b} \right] \tag{4-8}$$

因此,对于同时考虑弯曲变形和剪切变形的构件,其侧向刚度为

$$K = \frac{1}{\delta} = \frac{1}{\delta_b + \delta_s} = \frac{Et}{\frac{h}{b} \left[\left(\frac{h}{b} \right)^2 + 3 \right]} \tag{4-9}$$

在墙体侧向刚度计算时,实际砌体结构往往存在小开口墙段。此时,为了避免计算的复杂性,可以不考虑开洞来计算墙体刚度,然后将所得值根据墙体开洞率乘以墙段洞口影响系数,即得开洞墙体的刚度。进行地震剪力分配和截面验算时,砌体墙段的层间等效侧向刚度应按下列原则确定。

① 刚度的计算应考虑高宽比的影响,高宽比小于 1 时,可只计算剪切变形;高宽比不大于 4 且不小于 1 时,应同时计算弯曲变形和剪切变形;高宽比大于 4 时,等效侧向刚度可取 0。其中,墙段的高宽比是指层高与墙长之比,对门窗洞边的小墙段指洞净高与洞侧墙宽之比。

② 墙段宜按门窗洞口划分;对设置构造柱的小开口墙段按毛墙面计算的刚度,可根据开洞率乘以表 4-6 的墙段洞口影响系数。

表 4-6　　　　　　　　　　　　　**墙段洞口影响系数**

开洞率	0.10	0.20	0.30
影响系数	0.98	0.94	0.88

注:① 开洞率为洞口水平截面面积与墙段水平毛截面面积之比,相邻洞口之间净宽小于 500 mm 的墙段视为洞口。

　　② 洞口中线偏离墙段中线大于墙段长度的 1/4 时,表中影响系数值折减 0.9;门洞的洞顶高度大于层高的 80% 时,表中数据不适用;窗洞高度大于层高的 50% 时,按门洞对待。

4.3.3.2　楼层地震剪力在抗侧力(各)墙体间的分配

(1) 横向楼层地震剪力的分配

横向楼层地震剪力在横墙上的分配,不仅取决于每一片墙体的层间侧向等效刚度,而且取决于楼盖的整体刚度。

① 刚性楼(屋)盖。

当受横向水平地震作用时,抗震横墙最大间距满足规范规定的现浇及装配整体式楼盖房屋,可以认为楼盖在其平面内没有变形。因此,可以把楼(屋)盖在其平面内视为绝对刚性的连续梁,而将各横墙看作是该梁的弹性支座,各支座反力即为各抗震墙所承受的地震剪力。当结构和荷载都对称时,各横墙的水平位移相等,如图4-9所示。

设第 i 层共有 m 道横墙,其中第 j 道横墙承受的地震剪力为 V_{ij},则

$$\sum_{j=1}^{m} V_{ij} = V_i \qquad (4\text{-}10)$$

V_{ij} 为第 j 道横墙的侧向刚度 K_{ij} 与楼层层间侧移 Δ_i 的乘积:

$$V_{ij} = K_{ij}\Delta_i \qquad (4\text{-}11)$$

将式(4-11)代入式(4-10)变形得:

$$\Delta_i = \frac{V_i}{\sum\limits_{j=1}^{m} K_{ij}} \qquad (4\text{-}12)$$

再将式(4-12)代入式(4-11)即得到:

$$V_{ij} = \frac{K_{ij}}{\sum\limits_{j=1}^{m} K_{ij}} V_i \qquad (4\text{-}13)$$

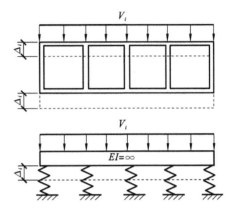

图 4-9　刚性楼(屋)盖的计算简图

式(4-13)说明刚性楼盖房屋的楼层地震剪力可按照各横墙的侧向刚度比例分配给各墙体,若同一层墙体材料及高度均相同,则将式(4-13)简化后可得:

$$V_{ij} = \frac{A_{ij}}{\sum\limits_{j=1}^{m} A_{ij}} V_i \qquad (4\text{-}14)$$

式中　A_{ij}——第 i 层第 j 片墙体的净横截面面积。

即对刚性楼(屋)盖,当每个抗震墙的高度、材料均相同时,其楼层地震剪力可按各抗震墙的横截面面积比例进行分配。

② 柔性楼(屋)盖。

对于木楼(屋)盖等柔性楼盖房屋,由于其本身刚度小,在地震剪力作用下,楼盖平面变形除平移外尚有弯曲变形。楼(屋)盖在各处的位移不等,在横墙两侧的楼(屋)盖变形曲线有转折。此时,可认为楼(屋)盖如同一多跨简支梁,横墙为各跨简支梁的弹性支座,如图4-10所示。各片横墙可独立地变形,各横墙所承担的地震作用为该墙两侧相邻横墙之间各一半楼盖面积上重力荷载所产生的地震作用,而各横墙所承担的地震剪力即可按各墙所承担的重力荷载比例进行分配,即:

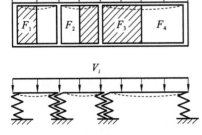

图 4-10　柔性楼(屋)盖的计算简图

$$V_{ij} = \frac{G_{ij}}{G_i} V_i \qquad (4\text{-}15)$$

式中　G_{ij}——第 i 层楼盖上第 j 道墙与左右两侧相邻横墙之间各一半楼(屋)盖面积(从属面积)上承担的重力荷载之和;

G_i——第 i 层楼盖上所承担的总重力荷载。

当楼层上重力荷载均匀分布时,上式计算可简化为按各墙从属面积的比例进行分配,即:

$$V_{ij} = \frac{F_{ij}}{F_i} V_i \tag{4-16}$$

式中　F_{ij}——第 i 层第 j 道墙体的从属面积;

F_i——第 i 层楼盖的总面积。

③ 中等刚性楼(屋)盖房屋。

对于用小型预制板的装配式钢筋混凝土楼(屋)盖的房屋,其楼(屋)盖刚度介于刚性楼盖与柔性楼(屋)盖之间,既不能把它假定为绝对刚性水平梁,也不能假定为多跨连续梁。因此,可采取上述两种分配算法的平均值,即:

$$V_{ij} = \frac{1}{2} \left(\frac{K_{ij}}{\sum_{j=1}^{m} K_{ij}} + \frac{G_{ij}}{G_i} \right) V_i \tag{4-17}$$

对于一般房屋,当墙高相同,所用材料相同,楼(屋)盖上荷载均匀分布时,V_{ij} 也可写成

$$V_{ij} = \frac{1}{2} \left(\frac{A_{ij}}{A_i} + \frac{F_{ij}}{F_i} \right) V_i \tag{4-18}$$

(2) 纵向楼层地震剪力的分配

房屋纵向尺寸一般比横向大得多,纵墙的间距在一般砌体房屋中也比较小。在纵向地震力作用下,楼盖的变形小,可认为在其平面内无变形。因此,在纵向地震力作用下,纵墙所承担的地震剪力,钢筋混凝土楼(屋)盖无论现浇还是装配,均可按刚性楼(屋)盖考虑,即纵向楼层地震剪力可按纵墙侧向刚度比例进行分配。

(3) 在同一片墙上各墙肢间地震剪力的分配

在同一道墙上,门窗洞口之间各墙肢所承担的地震剪力可按各墙肢的侧向刚度比例再进行分配。设第 j 道墙上共划分出 s 个墙肢,则第 r 墙肢分配的剪力为

$$V_{jr} = \frac{K_{jr}}{\sum_{r=1}^{s} K_{jr}} V_{ij} \tag{4-19}$$

式中　K_{jr}——第 j 墙体第 r 墙肢的侧移刚度。

4.3.4　墙体抗震承载力验算

当墙体或墙段所分配的地震剪力确定后,即可验算墙体的抗震承载力。对砌体房屋,可只选从属面积较大或竖向应力较小的墙段进行截面抗震承载力验算。

一般情况下,普通砖、多孔砖无筋墙体截面抗震承载力应按下式计算:

$$V \leqslant f_{vE} A / \gamma_{RE} \tag{4-20}$$

式中　V——墙体剪力设计值。

f_{vE}——砖砌体沿阶梯形截面破坏的抗震抗剪强度设计值。

A——墙体横截面面积。

γ_{RE}——承载力抗震调整系数，一般承重墙体 $\gamma_{RE}=1.0$；两端均有构造柱约束的承重墙体 $\gamma_{RE}=0.9$；自承重墙体 $\gamma_{RE}=0.75$。

各类砌体沿阶梯形截面破坏的抗震抗剪强度设计值应按下式确定：

$$f_{vE}=\xi_N f_v \tag{4-21}$$

式中　f_v——非抗震设计的砌体抗剪强度设计值；

ξ_N——砌体抗震抗剪强度的正应力影响系数，应按表 4-7 采用。

表 4-7　　　　　　　　　　砌体强度的正应力影响系数

砌体类别	σ_0/f_v							
	0	1.0	3.0	5.0	7.0	10.0	12.0	≥16.0
普通砖,多孔砖	0.80	0.99	1.25	1.47	1.65	1.90	2.05	—
小砌块	—	1.23	1.69	2.15	2.57	3.02	3.32	3.92

注：σ_0 为对应于重力荷载代表值的砌体截面平均压应力。

4.4　砌体房屋抗震构造措施

4.4.1　多层砌体房屋的抗震构造措施

砌体结构具有整体性弱，抗拉、抗剪强度低，材料的匀质性差以及施工质量控制难等弱点。要使砌体结构房屋具有合理的抗震能力，除计算外，构造措施显得尤为重要。

4.4.1.1　设置钢筋混凝土构造柱

试验表明，设置钢筋混凝土构造柱对于抑制墙体的初裂虽无明显作用，但它对墙体的抗剪强度可以提高 15％～20％，更重要的是通过它与圈梁的配合，使砌体成为有封闭框的"约束砌体"，从而增强房屋的抗变形能力。震害经验表明，设置构造柱是防止房屋强震时倒塌的一种既经济又有效的措施。构造柱的构造详图见图 4-11。

（1）构造柱设置部位和要求

各类多层砖砌体房屋，应按下列要求设置现浇钢筋混凝土构造柱。

① 构造柱设置部位一般情况下应符合表 4-8 的要求。

② 对外廊式和单面走廊式的多层房屋，应根据房屋增加 1 层的层数，按表 4-8 的要求设置构造柱，且单面走廊两侧的纵墙均应按外墙处理。

③ 横墙较少的房屋，应根据房屋增加 1 层的层数，按表 4-8 的要求设置构造柱。当横墙较少的房屋为外廊式或单面走廊式时，应按②要求设置构造柱；但 6 度不超过 4 层、

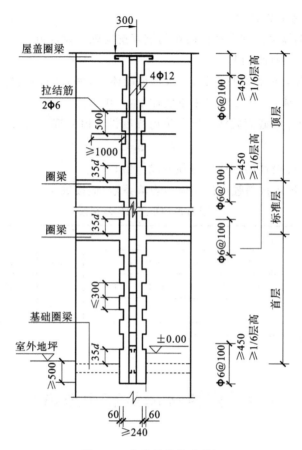

图 4-11 构造柱的构造详图

7 度不超过 3 层和 8 度不超过 2 层时,应按增加 2 层的层数对待。

④ 各层横墙很少的房屋,应按增加 2 层的层数设置构造柱。

表 4-8 多层砖砌体房屋构造柱设置要求

房屋层数				设置部位	
6 度	7 度	8 度	9 度		
4、5	3、4	2、3		楼梯、电梯间四角,楼梯斜梯段上下端对应的墙体; 外墙四角和对应的转角; 错层部位横墙与外纵墙交接处; 大房间内外墙交接处; 较大洞口两侧	隔 12 m 或单元横墙与外纵墙交接处; 楼梯间对应的另一侧内横墙与外纵墙交接处
6	5	4			隔开间横墙与外纵墙交接处; 山墙与内纵墙交接处
7	≥6	≥5	≥3		内墙(轴线)与外墙交接处; 内墙的局部较小墙垛处; 内纵墙与横墙交接处

注:较大洞口,内墙指不小于 2.1 m 的洞口,外墙在内外墙交接处已设置构造柱时应允许适当放宽,但洞侧墙体应加强。

（2）构造柱的构造要求

多层砖砌体房屋的构造柱应符合下列构造要求。

① 构造柱最小截面可采用 180 mm×240 mm（墙厚为 190 mm 时为 180 mm× 190 mm），纵向钢筋宜采用 4φ12，箍筋间距不宜大于 250 mm，且在柱上下端应适当加密；6 度、7 度时超过 6 层、8 度时超过 5 层和 9 度时，构造柱纵向钢筋宜采用 4φ14，箍筋间距不应大于 200 mm；房屋四角的构造柱应适当加大截面及配筋。

② 构造柱与墙连接处应砌成马牙槎，沿墙高每隔 500 mm 设 2φ6 水平钢筋和 φ4 分布短筋平面内点焊组成的拉结网片或 φ4 点焊钢筋网片，每边伸入墙内不宜小于 1 m；6 度、7 度时底部 1/3 楼层，8 度时底部 1/2 楼层，9 度时全部楼层，上述拉结钢筋网片应沿墙体水平通长设置。

③ 构造柱与圈梁连接处，构造柱的纵筋应在圈梁纵筋内侧穿过，保证构造柱纵筋上下贯通。

④ 构造柱可不单独设置基础，但应伸入室外地面下 500 mm，或与埋深小于 500 mm 的基础圈梁相连。

⑤ 房屋高度和层数接近表 4-1 的限值时，纵、横墙内构造柱间距尚应符合下列要求：

a. 横墙内的构造柱间距不宜大于层高的 2 倍，下部 1/3 楼层的构造柱间距适当减小。

b. 当外纵墙开间大于 3.9 m 时，应另设加强措施。内纵墙的构造柱间距不宜大于 4.2 m。

4.4.1.2　合理布置圈梁

钢筋混凝土圈梁是多层砖房有效的抗震措施之一。它可以加强纵横墙体的连接，增加房屋的整体性；提高楼盖的水平刚度，使局部地震作用能够分配给较多的横墙承担；限制墙体的斜裂缝的开展和延伸；可以减轻地震时地基不均匀沉陷对房屋的影响。

（1）圈梁设置部位

多层砖砌体房屋的现浇钢筋混凝土圈梁设置应符合下列要求：

① 装配式钢筋混凝土楼盖、屋盖或木屋盖的砖房，横墙承重时应按表 4-9 的要求设置圈梁；纵墙承重时，抗震横墙上的圈梁间距应比表内要求适当加密。

表 4-9　　　　　　　　　　　多层砖砌体房屋的现浇钢筋混凝土圈梁设置要求

墙类	抗震设防烈度		
	6、7 度	8 度	9 度
外墙和内纵墙	屋盖处及每层楼盖处	屋盖处及每层楼盖处	屋盖处及每层楼盖处
内横墙	屋盖处及每层楼盖处，屋盖处间距不应大于 4.5 m，楼盖处间距不应大于 7.2 m；构造柱对应部位	屋盖处及每层楼盖处，各层所有横墙，且间距不应大于 4.5 m；构造柱对应部位	屋盖处及每层楼盖处，各层所有横墙

② 现浇或装配整体式钢筋混凝土楼盖、屋盖与墙体有可靠连接的房屋，应允许不另设圈梁，但楼板沿抗震墙体周边均应加强配筋并应与相应的构造柱钢筋可靠连接。

（2）圈梁构造要求

多层砖砌体房屋现浇混凝土圈梁的构造应符合下列要求：

① 圈梁应闭合，遇有洞口圈梁应上下搭接。圈梁宜与预制板设在同一标高处或紧靠板底。

② 圈梁在规范要求的间距内无横墙时，应利用梁或板缝中配筋替代圈梁。

③ 圈梁的截面高度不应小于 120 mm，配筋应符合表 4-10 的要求；按规范要求增设的基础圈梁，截面高度不应小于 180 mm，配筋不应少于 $4\phi12$。

表 4-10 多层砖砌体房屋现浇钢筋混凝土圈梁配筋要求

配筋	抗震设防烈度		
	6、7 度	8 度	9 度
最小纵筋	$4\phi10$	$4\phi12$	$4\phi14$
最大箍筋间距	250	200	150

4.4.1.3 加强结构的连接

（1）墙体拉结钢筋具体要求

6 度、7 度时长度大于 7.2 m 的大房间，以及 8 度、9 度时外墙转角及内外墙交接处，应沿墙高每隔 500 mm 配置 $2\phi6$ 的通长钢筋和 $\phi4$ 分布短筋平面内点焊组成的拉结网片或 $\phi4$ 点焊网片。

（2）多层砖砌体房屋楼（屋）盖的设置要求

多层砖砌体房屋楼（屋）盖的设置应符合下列要求：

① 现浇钢筋混凝土楼板或屋面板伸进纵、横墙内的长度，均不应小于 120 mm。

② 装配式钢筋混凝土楼板或屋面板，当圈梁未设在板的同一标高时，板端伸进外墙的长度不应小于 120 mm，伸进内墙的长度不应小于 100 mm 或采用硬架支模连接，在梁上不应小于 80 mm 或采用硬架支模连接。

③ 当板的跨度大于 4.8 m 并与外墙平行时，靠外墙的预制板侧边应与墙或圈梁拉结。

④ 房屋端部大房间的楼盖，6 度时房屋的屋盖和 7～9 度时房屋的楼盖、屋盖，当圈梁设在板底时，钢筋混凝土预制板应相互拉结，并应与梁、墙或圈梁拉结。

（3）构件之间的连接要求

楼盖、屋盖的钢筋混凝土梁或屋架应与墙、柱（包括构造柱）或圈梁可靠连接，不得采用独立砖柱。跨度不小于 6 m 大梁的支撑构件应采用组合砌体等加强措施，并满足承载力要求。

4.4.1.4 重视楼梯间的设计

楼梯间的震害往往较重，而地震时楼梯间是疏散人员和救灾的要道。因此，对其抗震构造措施要给予足够的重视。楼梯间的设计应符合下列要求。

① 顶层楼梯间墙体应沿墙高每隔 500 mm 设 $2\phi6$ 通长钢筋和 $\phi4$ 分布短筋平面内

点焊组成的拉结网片或 $\phi4$ 点焊网片;7~9 度时其他各层楼梯间墙体应在休息平台或楼层半高处设置 60 mm 厚、纵向钢筋不应少于 2ϕ10 的钢筋混凝土带或配筋砖带,配筋砖带不少于 3 皮,每皮的配筋不少于 2ϕ6;砂浆强度等级不应低于 M7.5 且不低于同层墙体的砂浆强度等级。

② 楼梯间及门厅内墙阳角处的大梁支承长度不应小于 500 mm,并应与圈梁连接。

③ 装配式楼梯段应与平台板的梁可靠连接,8 度、9 度时不应采用装配式楼梯段;不应采用墙中悬挑式踏步或踏步竖肋插入墙体的楼梯,不应采用无筋砖砌栏板。

④ 突出屋顶的楼梯间、电梯间,构造柱应伸到顶部,并与顶部圈梁连接,所有墙体应沿墙高每隔 500 mm 设 2ϕ6 通长钢筋和 $\phi4$ 分布短筋平面内点焊组成的拉结网片或 $\phi4$ 点焊网片。

4.4.2 底部框架-抗震墙砌体房屋的抗震构造措施

底部框架-抗震墙砌体房屋的上部结构的构造措施与一般多层砌体房屋相同。

4.4.2.1 底部框架-抗震墙砌体房屋的楼盖要求

底部框架应采用现浇(结构)或现浇柱、预制梁结构,并宜双向刚性连接。底部框架-抗震墙砌体房屋的楼盖应符合下列规定。

① 过渡层的底板应采用现浇钢筋混凝土板,板厚不应小于 120 mm;并应少开洞、开小洞,当洞口尺寸大于 800 mm 时,洞口周边应设置边梁。

② 其他楼层,采用装配式钢筋混凝土楼板时均应设现浇圈梁;采用现浇钢筋混凝土楼板时应允许不另设圈梁,但楼板沿抗震墙体周边均应加强配筋并应与相应的构造柱可靠连接。

4.4.2.2 底部框架-抗震墙砌体房屋的钢筋混凝土托墙梁构造要求

底部框架-抗震墙砌体房屋的钢筋混凝土托墙梁,其截面和构造应符合下列要求:

① 梁的截面宽度不应小于 300 mm,梁的截面高度不应小于跨度的 1/10。

② 箍筋的直径不应小于 8 mm,间距不应大于 200 mm;梁端在 1.5 倍梁高且不小于 1/5 梁净跨范围内,以及上部墙体的洞口处和洞口两侧各 500 mm 且不小于梁高的范围内,箍筋间距不应大于 100 mm。

③ 沿梁高应设腰筋,数量不应少于 2ϕ14,间距不应大于 200 mm。

④ 梁的纵向受力钢筋和腰筋应按受拉钢筋的要求锚固在柱内,且支座上部的纵向钢筋在柱内的锚固长度应符合钢筋混凝土框支梁的有关要求。

4.4.2.3 底部框架-抗震墙砌体房屋的上部墙体设置钢筋混凝土构造柱构造要求

底部框架-抗震墙砌体房屋的上部墙体应设置钢筋混凝土构造柱,并应符合下列要求。

① 钢筋混凝土构造柱的设置部位,应根据房屋的总层数分别按规定的表格设置。

② 构造柱的构造,除应符合下列要求外,尚应符合本章其他规定:

a. 砖砌体墙中构造柱截面不宜小于 240 mm×240 mm（墙厚为 190 mm 时为 240 mm×190 mm）。

b. 构造柱的纵向钢筋不宜小于 4φ14，箍筋间距不宜大于 200 mm；芯柱每孔插筋不应小于 1φ14，芯柱之间沿墙高应每隔 400 mm 设 φ4 焊接钢筋网片。

③ 构造柱、芯柱应与每层圈梁连接，或与现浇楼板可靠拉接。

4.4.2.4 底部框架-抗震墙砌体房屋的过渡层墙体的构造要求

过渡层墙体的构造应符合下列要求。

① 上部砌体墙的中心线宜与底部的框架梁、抗震墙的中心线相重合，构造柱或芯柱宜与框架柱上下贯通。

② 过渡层应在底部框架柱、混凝土墙或约束砌体墙的构造柱所对应处设置构造柱或芯柱，墙体内的构造柱间距不宜大于层高。

③ 过渡层构造柱的纵向钢筋，6 度、7 度时不宜少于 4φ16，8 度时不宜少于 4φ18。过渡层芯柱的纵向钢筋，6 度、7 度时不宜少于每孔 1φ16，8 度时不宜少于每孔 1φ18。一般情况下，纵向钢筋应锚入下部的框架柱或混凝土墙内；当纵向钢筋锚固在托墙梁内时，托墙梁的相应位置应加强。

④ 过渡层的砌体墙在窗台标高处应设置沿纵横墙通长的水平现浇钢筋混凝土带；其截面高度不小于 60 mm，宽度不小于墙厚，纵向钢筋不少于 2φ10，横向分布筋的直径不小于 6 mm，且其间距不大于 200 mm。此外，砖砌体墙在相邻构造柱间的墙体，应沿墙高每隔 360 mm 设置 2φ6 通长水平钢筋和 φ4 分布短筋平面内点焊组成的拉结网片或 φ4 点焊钢筋网片，并锚入构造柱内。

⑤ 过渡层的砌体墙，凡宽度不小于 1.2 m 的门洞和 2.1 m 的窗洞，洞口两侧宜增设截面不小于 120 mm×240 mm（墙厚为 190 mm 时为 120 mm×190 mm）的构造柱或单孔芯柱。

⑥ 当过渡层的砌体抗震墙与底部框架梁、墙体不对齐时，应在底部框架内设置托墙转换梁，并且过渡层砖墙或砌块墙应采取比④更高的加强措施。

4.4.2.5 底部框架-抗震墙砌体房屋的底部采用钢筋混凝土墙构造要求

底部框架-抗震墙砌体房屋的底部采用钢筋混凝土墙时，其截面和构造应符合下列要求：

① 墙体周边应设置梁（或暗梁）和边框柱（或框架柱）组成的边框；边框梁的截面宽度不宜小于墙板厚度的 1.5 倍，截面高度不宜小于墙板厚度的 2.5 倍；边框柱的截面高度不宜小于墙板厚度的 2 倍。

② 墙板的厚度不宜小于 160 mm，且不应小于墙板净高的 1/20；墙体宜开设洞口形成若干墙段，各墙段的高宽比不宜小于 2。

③ 墙体的竖向和横向分布钢筋配筋率均不应小于 0.30%，并应采用双排布置；双排分布钢筋间拉筋的间距不应大于 600 mm，直径不应小于 6 mm。

4.4.2.6 底部框架-抗震墙砌体房屋的框架柱构造要求

底部框架-抗震墙砌体房屋的框架柱构造应符合下列要求：

① 柱的截面不应小于 400 mm×400 mm,圆柱直径不应小于 450 mm。

② 柱的轴压比,6 度时不宜大于 0.85,7 度时不宜大于 0.75,8 度时不宜大于 0.65。

③ 柱的纵向钢筋最小总配筋率,当钢筋的强度标准值低于 400 MPa 时,中柱在 6 度、7 度时不应小于 0.9%,8 度时不应小于 1.1%;边柱、角柱和混凝土抗震墙端柱在 6 度、7 度时不应小于 1.0%,8 度时不应小于 1.2%。

④ 柱的箍筋直径,6 度、7 度时不应小于 8 mm,8 度时不应小于 10 mm,并应全高加密箍筋,间距不大于 100 mm。

4.5 多层砌体房屋抗震设计实例

某 4 层办公楼,平面、剖面尺寸如图 4-12 所示。采用装配式梁板结构,房间内横梁截面尺寸为 200 mm×500 mm,楼梯间在 Ⓑ Ⓒ 轴线上的梁截面尺寸为 240 mm×300 mm。横墙承重,楼梯间上设屋顶间,如图 4-12(b)所示,1 层内外墙厚均为 370 mm,2 层以上墙厚均为 240 mm,墙均为双面粉刷(室内外高差 0.3 m)。砖的强度等级为 MU10,砂浆的强度等级为 M5。设防烈度为 7 度,设计基本地震加速度值为 0.10g,设计地震分组为第一组,Ⅱ类场地。

试进行抗震构造措施设计并验算该办公楼的抗震承载能力。

4.5.1 检查是否满足抗震设计的一般构造规定

构造尺寸检查表见表 4-11。

表 4-11 　　　　　　　　　　　　构造尺寸检查表

项目	规范规定值	实际值	结论
房屋总高度/m	21	14.1	符合规范要求
房屋总层数	7	4	符合规范要求
房屋高宽比	2.5	1.05	符合规范要求
抗震横墙最大间距/m	11	10.8	符合规范要求
承重窗间墙最小宽度/m	1.0	2.1	符合规范要求
承重外墙尽端至门窗洞边最小距离/m	1.0	1.02	符合规范要求
内墙阳角至门窗洞边最小距离/m	1.0	0.72	不符合规范要求
非承重外墙尽端至门窗洞边最小距离/m	1.0	1.02	符合规范要求
无锚固女儿墙的最大高度/m	0.5	0	符合规范要求

4.5.2 构造柱与圈梁的布置

(1) 构造柱设置

本工程为 7 度设防的 4 层砖混结构办公楼,根据《抗震规范》7.3.1 条要求,因该四层

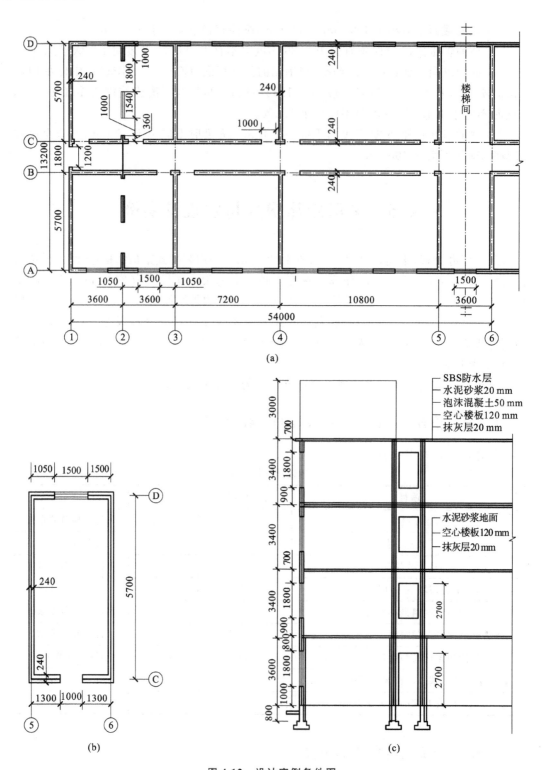

图 4-12　设计实例条件图

（a）办公楼平面图；（b）屋顶间平面图；（c）办公楼剖面图

办公楼属横墙很少的房屋,应按增加二层考虑设置构造柱,即按6层设置。按规范要求,在以下位置设置构造柱:外墙四角和对应的转角处,楼梯间四角,楼梯斜梯段、上下端对应的墙体处(设8根)、大房间内外墙交接处、较大洞口两侧、内墙与外墙交接处、内墙的局部较小墙垛处、内纵墙与横墙交接处(轴线)。共设44根。

另外,按《抗震规范》7.3.2中第5条要求,在纵墙上增设12根构造柱。其余部位构造柱的设置按《抗震规范》的相关条文设置。

构造柱尺寸为240 mm×240 mm,纵向钢筋采用4φ12,箍筋采用φ6@250。

(2)圈梁设置

本工程为装配式钢筋混凝土楼(屋)盖,按7度设防,根据《抗震规范》7.3.3条要求,屋盖及每层楼盖处均应设置圈梁,屋盖处间距不应大于4.5 m,楼盖处间距不应大于7.2 m。此外构造柱对应部位要考虑设置圈梁。对大房间,按《抗震规范》7.3.4条要求应利用梁或板缝加强中配筋替代圈梁。

4.5.3　重力荷载代表值的计算

(1)荷载清理

① 屋面荷载。

SBS 防水层	0.35 kN/m²
20 mm 水泥砂浆找平层	0.40 kN/m²
50 mm 泡沫混凝土	0.25 kN/m²
120 mm 空心楼板	2.200 kN/m²
顶棚抹灰	0.340 kN/m²
屋面恒荷载	3.540 kN/m²
屋面活荷载(雪荷载)	0.300 kN/m²

屋面重力荷载代表值取恒荷载和雪荷载,雪荷载组合系数为0.5,则屋面重力荷载代表值为:

$$3.54+0.3\times0.5=3.69(\text{kN/m}^2)$$

② 楼面荷载。

水泥砂浆地面	0.4 kN/m²
120 mm 空心楼板	2.200 kN/m²
顶棚抹灰	0.34 kN/m²
楼面恒荷载	2.940 kN/m²

楼面活荷载2 kN/m²,楼面活荷载组合系数为0.5,则楼面重力荷载值为:

$$2.94+0.5\times2=3.94(\text{kN/m}^2)$$

③ 楼板梁自重(每层)。

$$0.2\times0.5\times5.94\times25\times12\text{ N}=178.2(\text{kN})$$

④ 墙体自重。

双面粉刷的240 mm厚砖墙自重为5.24 kN/m²,双面粉刷的370 mm厚砖墙自重为

7.62 kN/m²。

（2）荷载计算

① 屋顶间重力荷载代表值。

屋顶间屋盖重：

$$5.7 \times 3.6 \times 3.69 = 76 \text{(kN)}$$

屋顶间墙重：

$$(5.7+0.24) \times 3 \times 5.24 \times 2 + [(3.6-0.24) \times 3 \times 2 - 1 \times 2.4 - 1.5 \times 1.8] \times 5.24 = 264 \text{(kN)}$$

屋面层总重：

$$[(54+1.0) \times (13.2+1.0) - 5.7 \times 3.6] \times 3.69 + 5.7 \times 3.6 \times 3.94 + 178.2 = 3065 \text{(kN)}$$

屋顶间重力荷载代表值 G_5：

$$G_5 = 76 + \frac{1}{2} \times 264 = 208 \text{(kN)}$$

② 2～4 层重力荷载代表值。

楼盖层总重：

$$54 \times 13.2 \times 3.94 + 178.2 = 2987 \text{(kN)}$$

2～4 层山墙重：

$$[(13.2-0.24) \times 3.4 - 1.2 \times 1.8] \times 5.24 \times 2 = 439 \text{(kN)}$$

2～4 层横墙重：

$$[(5.7-0.24) \times 3.4 \times 16 - (1 \times 2.7 + 1.2 \times 1.8) \times 4] \times 5.24 = 1455 \text{(kN)}$$

2～4 层外纵墙重：

$$[(54+0.24) \times 3.4 - 1.5 \times 1.8 \times 15] \times 5.24 \times 2 = 1508 \text{(kN)}$$

2～4 层内纵墙重：

$$[(54+0.24) \times 3.4 - 1 \times 2.7 \times 9 - (3.6-0.24) \times (3.4-0.3)] \times 5.24 \times 2 = 1569 \text{(kN)}$$

各楼层重力荷载代表值 G_i 取各楼屋面荷载总重加上、下层墙体重量的一半，则各楼层重力荷载代表值：

$$G_4 = 3065 + \frac{1}{2} \times 264 + \frac{1}{2} \times (439+1455+1508+1569) = 5683 \text{(kN)}$$

$$G_3 = G_2 = 2987 + (439+1455+1508+1569) = 2987 + 4971 = 7958 \text{(kN)}$$

③ 一层重力荷载代表值。

一层山墙重：

$$[(13.2-0.5) \times 4.4 - 1.2 \times 2.7] \times 7.62 \times 2 = 802 \text{(kN)}$$

一层横墙重：

$$[(5.7-0.5) \times 4.4 \times 16 - (1 \times 2.7 + 1.2 \times 1.8) \times 4] \times 7.62 = 2641 \text{(kN)}$$

一层外纵墙重：

$$[(54+0.24) \times 4.4 - 1.5 \times 1.8 \times 14 - 1.5 \times 2.7] \times 7.62 \times 2 = 2999 \text{(kN)}$$

一层内纵墙重：

$$[(54+0.24) \times 4.4 - 9 \times 1.0 \times 2.7 - (3.6-0.37) \times (4.4-0.3)] \times 7.62 \times 2 = 3065 \text{(kN)}$$

$$G_1 = 2987 + \frac{1}{2} \times 4971 + \frac{1}{2} \times (802+2641+2999+3065) = 10226 \text{(kN)}$$

总重力荷载代表值：
$$G = \sum G_i = 10226 + 2 \times 7958 + 5683 + 208 = 32033(\text{kN})$$

4.5.4　水平地震作用

底层总剪力的标准值：
$$F_{Ek} = \alpha_1 G_{eq} = 0.08 \times 0.85 \times 32033 = 2178(\text{kN})$$

对于多层砌体房屋，α_1 取水平地震影响系数最大值 0.08，则各楼层的水平地震作用力和各楼层地震剪力的标准值计算式分别为：
$$F_i = \frac{H_i G_i}{\sum\limits_{j=1}^{n}(H_j G_j)} F_{Ek}, \quad V_{ik} = \sum\limits_{j=1}^{n} F_j$$

楼层水平地震剪力计算表见表 4-12。

表 4-12　　　　　　　　　　　　楼层水平地震剪力计算表

分项 层次	G_i/kN	H_i/m	$G_i H_i$/ (kN·m)	$\dfrac{(H_i G_i)}{\sum\limits_{j=1}^{n}(H_j G_j)}$	F_i/kN	V_{ik}/kN
屋顶间	208	17.6	3661	0.0129	28	$28 \times 3 = 84$
4	5683	14.6	82972	0.293	638.5	666.5
3	7958	11.2	89130	0.315	686.5	1353
2	7958	7.8	62072	0.2195	478.5	1831.5
1	10226	4.4	44994	0.159	346.5	2178
$\sum$	32033	—	282829	1	2178	—

注：局部突出的屋顶间，其地震效应宜增大 3 倍。

各层水平地震作用、楼层标准剪力见图 4-13。

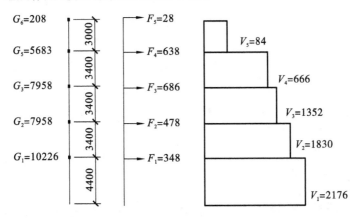

图 4-13　水平地震作用与楼层剪力示意图

4.5.5 抗震承载力验算

地震剪力标准值 V_{ik} 乘以作用分项系数 γ_{Eh} 得到作用于楼层的剪力设计值 V_i，求得 V_i 后即可进行楼层各道墙体地震剪力设计值的分配，并按 $V \leqslant \dfrac{f_{vE}A}{\gamma_{RE}}$ 进行墙体截面抗震抗剪能力的验算。

（1）屋顶间墙体抗震抗剪承载力验算

屋顶间是地震作用较强烈的部位，应首先验算屋顶间的墙体。屋顶间的水平地震作用效应 $V_6 = 1.3 \times 84 \text{ kN} = 109 \text{ kN}$，从屋顶间的平面布置图 [图 4-12(b)] 可以看出，如果ⓒ、ⓓ轴线墙能满足要求，则⑤、⑥轴线墙一定满足，因此只验算ⓒ、ⓓ轴线墙体。

① 屋顶间墙体剪力设计值 V 计算见表 4-13。

表 4-13   墙体剪力设计值

轴线	墙净面积 A_{im}/m^2	$\dfrac{F_{im}}{F_i}$	$\dfrac{1}{2}\left(\dfrac{A_{im}}{A_i}+\dfrac{F_{im}}{F_i}\right)$	$V_k = \dfrac{1}{2}\left(\dfrac{A_{im}}{A_i}+\dfrac{F_{im}}{F_i}\right)V_i/\text{kN}$
ⓒ	0.68	0.5	0.59	57
ⓓ	0.56	0.5	0.53	52
$\sum$	1.24	—	—	—

屋顶间采用预制楼板，属于中等刚度楼盖，剪力分配按下式计算：

$$V_{6C} = \frac{1}{2}\left(\frac{A_{6C}}{A_6}+\frac{1}{2}\right)V_6, \quad V_{6D} = \frac{1}{2}\left(\frac{A_{6D}}{A_6}+\frac{1}{2}\right)V_6$$

式中

$$A_{6C} = (3.6+0.24-1.0)\times 0.24 = 0.68(\text{m}^2)$$
$$A_{6D} = (3.6+0.24-1.5)\times 0.24 = 0.56(\text{m}^2)$$

② 屋顶间 σ_0（屋顶间半层高处墙体的平均应力）的计算。

由于ⓒ、ⓓ轴线墙上开洞位置对称，ⓒ、ⓓ轴线墙段上的剪力可不再进行分配，而取整道墙验算。图 4-14 给出了ⓒ轴线墙的立面图，由于该墙为自承重墙，在层高半高处的平均压应力 σ_0 仅由墙自重引起，即：

$$\sigma_0 = \frac{(3.84\times 1.5-1.0\times 0.9)\times 5.24}{(3.84-1.0)\times 0.24\times 10^6}$$
$$= 37(\text{kN/m}^2)$$

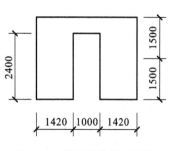

图 4-14 ⓒ轴线墙的立面图

同理可算得ⓓ轴线墙体的平均压应力 $\sigma_0 = 43 \text{ kN/m}^2$。

③ 屋顶间抗震抗剪强度设计值见表 4-14。

由 $f_{vE} = \xi_n f_v$,查出 ξ_n,为此需先求出 σ_0/f_v;查得砂浆强度等级为 M5 的砖砌体抗剪设计强度 $f_v = 0.11 \text{ N/mm}^2$。

表 4-14　　　　　　　　**屋顶间墙体抗震抗剪强度设计值**

轴线	$\dfrac{\sigma_0}{f_v}$	ξ_n	$f_{vE} = \xi_n f_v/(\text{N/mm}^2)$
Ⓒ	$\dfrac{0.037}{0.11} = 0.34$	$0.80 + (0.99 - 0.8) \times \dfrac{0.34}{1.0} = 0.87$	$0.87 \times 0.11 = 0.0957$
Ⓓ	$\dfrac{0.043}{0.11} = 0.39$	$0.80 + 0.19 \times \dfrac{0.39}{1.0} = 0.88$	$0.88 \times 0.11 = 0.0968$

④ 屋顶间墙体截面抗震承载力验算见表 4-15。

表 4-15　　　　　　　　**屋顶间墙体截面抗震承载力验算**

轴线	$f_{vE}/(\text{N/mm}^2)$	A/m^2	$\dfrac{f_{vE}A}{\gamma_{RE}}/\text{kN}$	V/kN	验算结论
Ⓒ	0.0957	0.68	$\dfrac{0.0957 \times 10^3 \times 0.68}{0.75} = 86.76$	57	满足
Ⓓ	0.0968	0.56	$\dfrac{0.0968 \times 10^3 \times 0.56}{0.75} = 72.27$	52	满足

注:Ⓒ、Ⓓ两轴线都是自承重墙,抗震调整系数 $\gamma_{Eh} = 0.75$。

(2) 第二层墙体强度验算

第一层墙厚 370 mm,第二层墙厚 240 mm,它们的面积比是 1.5∶1,而第一层设计剪力 $V_1 = 1.3 \times 2178 \text{ kN} = 2831 \text{ kN}$,第二层设计剪力 $V_2 = 1.3 \times 1831.5 \text{ kN} = 2381 \text{ kN}$,相应的第一层与第二层的设计剪力比为 1.19∶1,因此可以断定,若第二层达到抗震承载力要求,第一层一定能达到,故只需要进行第二层横墙的验算。楼层设计剪力在各道横墙上分配,在中等刚性楼盖条件分配剪力时以横墙体的截面面积和墙体的荷载面积的平均值为分配系数,如果各道横墙截面大体相同,则最大的从属横墙分担的剪力也最大,该道横墙就是危险墙体。

在本例中④轴线承担的荷载面积最大,它是首先要验算的墙;其次②轴线由于开洞较多,截面削弱较多,也要验算,而且需验算②轴线墙的各墙段;最后进行第二层纵墙强度验算。

① 进行第二层④轴线墙体抗震验算。

a. 第二层④轴线墙体承担的地震剪力验算。

第二层墙体④轴线墙体横截面面积:
$$A_{25} = (5.7 + 0.24) \times 0.24 \times 2 = 2.85 (\text{m}^2)$$
$$A_2 = 2.85 \times 6 + (13.44 - 1.2) \times 0.24 \times 2 + (5.94 - 1.0 - 1.8) \times 0.24 \times 4 = 26 (\text{m}^2)$$

第二层墙体④轴线负荷面积:
$$F_{25} = 13.2 \times (3.6 + 5.4) = 118.8 (\text{m}^2)$$

$$F_2 = 13.2 \times 54 = 712.8 (\text{m}^2)$$

代入公式,得

$$V_{ij} = \frac{1}{2}\left(\frac{A_{ij}}{A_i} + \frac{F_{ij}}{F_i}\right)V_i = \frac{1}{2} \times \left(\frac{2.85}{26} + \frac{118.8}{712.8}\right) \times 2381 = 329(\text{kN})$$

b. 第二层④轴线墙体抗震抗剪强度验算。

为了求得 σ_0,应先求出二层④轴线横墙中间高度上每米长度的竖向荷载:

$$N = 3.69 \times 3.6 + 3.94 \times 3.6 \times 2 + 5.24 \times 3.4 \times \left(2 + \frac{1}{2}\right) = 86.2(\text{kN})$$

则

$$\sigma_0 = \frac{86.2 \times 10^3}{0.24 \times 1.0 \times 10^6} = 0.36(\text{N/mm}^2), \quad \frac{\sigma_0}{f_v} = \frac{0.36}{0.11} = 3.27$$

查表,得

$$\xi_n = 1.25 + (3.27 - 3) \times \frac{1.47 - 1.25}{5 - 3} = 1.28, \quad f_{vE} = 1.28 \times 0.11 = 0.141(\text{N/mm}^2)$$

c. 第二层④轴线墙体抗震抗剪承载力验算。

不考虑构造柱,抗震调整系数 $\gamma_{RE} = 1.0$,则该墙段的抗力为:

$$\frac{0.141 \times 10^3 \times 2.85}{1.0} = 401(\text{kN}) > 329 \text{ kN}$$

满足要求。

② 进行第二层②轴线墙体抗震验算。

第二层②轴线墙体在走廊两侧是一样的,故只需计算走廊一侧的墙,图 4-15 墙体开洞示意图给出了②轴线走廊一侧墙的立面图,门窗把墙分成了 a、b、c 三段计算。

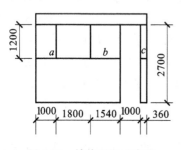

图 4-15 墙体开洞示意图

a. 根据墙段计取高度的规定,各段墙高宽比分别为:

a 段,$1 < \frac{h}{b} = \frac{1.2}{1.0} = 1.2 < 4$,属于剪弯型;

b 段,$1 > \frac{h}{b} = \frac{1.2}{1.54} = 0.78$,属于剪切型;

c 段,$\frac{h}{b} = \frac{2.7}{0.36} = 7.5 > 4$,属于弯曲型,不考虑它的刚度。

利用公式,求出 a、b 两段的侧移刚度:

$$K_a = \frac{Et}{1.2 \times (1.2^3 + 3)} = 0.187Et$$

$$K_b = \frac{Et}{3 \times 0.78} = 0.427Et$$

b. 第二层②轴线墙体走廊一侧墙分配到的设计剪力计算如下:

$$A_{22} = (5.94 - 1.0 - 1.8) \times 0.24 \times 2 = 1.51(\text{m}^2)$$

$$A_2 = 2.85 \times 6 + (13.44 - 1.2) \times 0.24 \times 2 + (5.94 - 1.0 - 1.8) \times 0.24 \times 4 = 26(\text{m}^2)$$

$$F_{22} = 13.2 \times 3.6 = 47.52 (\text{m}^2)$$

$$F_2 = 13.2 \times 54 = 712.8 (\text{m}^2)$$

$$V_{ij} = \frac{1}{2}\left(\frac{A_{ij}}{A_i} + \frac{F_{ij}}{F_i}\right)V_i = \frac{1}{2} \times \left(\frac{1.51}{26} + \frac{47.52}{712.8}\right) \times 2381 \times \frac{1}{2} = 74.2 (\text{kN})$$

a、b 墙段的剪力为:

$$V_{2a} = \frac{0.187Et}{0.187Et + 0.427Et} \times 74.2 = 22.6 (\text{kN})$$

$$V_{2b} = \frac{0.427Et}{0.187Et + 0.427Et} \times 74.2 = 51.6 (\text{kN})$$

c. 第二层②轴线墙体抗震抗剪强度验算。

a 段墙体的 σ_0 除担负自身 1 m 宽的荷载外,还要担负门窗洞口部分各一半的竖向荷载:

$$N = 3.69 \times 3.6 + 3.940 \times 3.6 \times 2 + 5.240 \times \frac{3.4 \times 5.94 - 1.2 \times 1.8 - 1.0 \times 2.7}{5.94} \times \left(2 + \frac{1}{2}\right)$$

$$= 75.5 (\text{kN})$$

$$\sigma_a = \frac{75500}{0.24 \times 1.0 \times 10^6} \times \frac{1 + 0.9}{1.0} = 0.60 (\text{N/mm}^2)$$

$$\sigma_b = \frac{75500}{0.24 \times 1.0 \times 10^6} \times \frac{1.54 + 0.9 + 0.5}{1.54} = 0.6 (\text{N/mm}^2)$$

于是 a、b 两段墙的 $\dfrac{\sigma_0}{f_v} = \dfrac{0.6}{0.11} = 5.45$,得

$$\xi_n = 1.47 + \frac{0.45}{2} \times 0.18 = 1.51$$

$$f_{vE} = 1.51 \times 0.11 = 0.166 (\text{N/mm}^2)$$

d. 第二层②轴线墙体抗震抗剪承载力验算。

a 段墙:$\dfrac{0.166 \times 10^3 \times 1.0 \times 0.24}{1.0} = 39.9 (\text{kN}) > 22.6 \text{ kN}$,满足要求。

b 段墙:$\dfrac{0.166 \times 10^3 \times 1.54 \times 0.24}{1.0} = 61.4 (\text{kN}) > 51.6 \text{ kN}$,满足要求。

③ 二层纵墙强度验算。

由于内外纵墙都是 240 mm,而外墙开洞较多,Ⓐ、Ⓓ两道外纵墙开洞相同,所以可只验算Ⓐ轴线墙。

a. 第二层Ⓐ轴线墙体承担的地震剪力:

$$A_{2A} = (54.24 - 1.5 \times 15) \times 0.24 = 7.62 (\text{m}^2)$$

$$A_2 = 7.62 \times 2 + (54.24 - 1.0 \times 8 - 3.36) \times 0.24 \times 2 = 35.82 (\text{m}^2)$$

由于楼板在纵向刚度很大,一般都按刚性楼盖考虑,墙间剪力按墙体面积分配,即

$$V_{2A} = \frac{7.62}{35.82} \times 2379 = 506 (\text{kN})$$

b. 第二层Ⓐ轴线墙体抗震抗剪强度验算。

Ⓐ轴线有些墙段承重,有些墙段不承重,取各段竖向压应力的平均值。

$$N = (54.24 \times 3.4 - 15 \times 1.5 \times 1.8) \times 5.24 \times \left(2 + \frac{1}{2}\right) + 3.6 \times 5.7 \times 3.69 \times$$

$$\frac{1}{2} \times 6 + 3.6 \times 5.7 \times 3.94 \times \frac{1}{2} \times 6 \times 2 + 178.200 \times \frac{1}{4} \times 3$$

$$= 2731.2(\text{kN})$$

$$\sigma_0 = \frac{2731.2}{7.62 \times 10^3} = 0.358(\text{N/mm}^2)$$

$$\frac{\sigma_0}{f_v} = \frac{0.358}{0.11} = 3.26$$

查表得

$$\xi_n = 1.25 + \frac{0.26}{2} \times 0.22 = 1.28$$

于是

$$f_{vE} = 1.28 \times 0.11 = 0.141(\text{N/mm}^2)$$

c. 第二层Ⓐ轴线的抗震抗剪承载力验算。

$$\frac{0.141 \times 10^3 \times 7.62}{0.9} = 1191(\text{kN}) > 506 \text{ kN}$$

所以,该道纵墙满足强度要求(式中分母取 0.9 是因外墙两端有构造柱)。Ⓑ、Ⓒ墙段的有效截面都比Ⓐ轴线大,显然满足。

⟳ 本章小结

1. 应熟知砌体结构房屋震害规律,以及哪些部位属于薄弱部位、易出现破坏。

2. 在进行多层砌体房屋的结构选型与布置时要遵循有关规定,如多层砌体房屋高度、层数、高宽比、抗震横墙间距、局部尺寸的限值以及多层砌体房屋结构体系抗震要求等。

3. 多层砌体房屋的抗震验算步骤。

(1)计算房屋底部剪力:

$$F_{Ek} = \alpha_{max} G_{eq}$$

(2)计算各楼层水平地震作用:

$$F_i = \frac{G_i H_i}{\sum_{j=1}^{n}(G_j H_j)} F_{Ek}$$

(3)计算楼层地震剪力:

$$V_i = \sum_{j=i}^{n} F_j$$

(4)分配楼层剪力到各片墙体。

① 刚性楼(屋)盖。

对刚性楼(屋)盖,当每个抗震墙的高度、材料均相同时,其楼层地震剪力可按各抗震墙的横截面面积比例进行分配,即

$$V_{ij} = \frac{A_{ij}}{\sum\limits_{j=1}^{m} A_{ij}} V_i$$

② 柔性楼(屋)盖。

当楼层上重力荷载均匀分布时,可按各墙从属面积的比例进行分配。

$$V_{ij} = \frac{F_{ij}}{F_i} V_i$$

③ 中等刚性楼(屋)盖房屋。

对于一般房屋,当墙高相同、所用材料相同、楼(屋)盖上荷载均匀分布时,按下式分配:

$$V_{ij} = \frac{1}{2}\left(\frac{A_{ij}}{A_i} + \frac{F_{ij}}{F_i}\right) V_i$$

(5) 验算墙体截面抗震抗剪承载力:

$$V \leqslant f_{vE} A / \gamma_{RE}$$

4. 多层砌体房屋的构造要求、抗震构造措施是房屋抗震设计的重要组成部分,因此在抗震设计中应予以重视。多层砖砌体房屋的抗震构造措施包括:

① 设置钢筋混凝土构造柱;

② 设置钢筋混凝土圈梁;

③ 墙体之间要有可靠的连接;

④ 构件之间要有足够搭接长度和可靠连接;

⑤ 加强楼梯间的整体性等。

5. 底部框架-抗震墙砌体房屋与砌体房屋类似,也包含震害规律分析、抗震计算、构造措施等。对于底部框架-抗震墙砌体房屋要注意其结构特点,其计算及构造是根据其受力特点分析得来的。

🡆 思考与练习

4-1　为何要限制多层砌体结构房屋的总高度和层数?为什么要控制房屋最大高宽比?对多层砌体结构房屋的局部尺寸有哪些限制?

4-2　多层砌体结构的结构体系应符合哪些要求?

4-3　为什么要限制多层砌体结构房屋抗震墙的间距?

4-4　怎样进行多层砌体结构房屋抗震验算?

4-5　多层砌体结构房屋的现浇圈梁和构造柱应符合哪些要求?

🡆 习　题

条件:图 4-16 所示为 4 层砖混结构办公楼平面图和剖面图,该楼采用预制钢筋混凝土楼盖,横墙承重。内墙、外墙厚度均为 370 mm,双面粉刷。黏土砖的强度等级为

MU15,砂浆的强度等级为 M5;窗洞尺寸为 1.5 m×2.1 m,内门洞尺寸为 0.9 m×2.1 m;外门洞尺寸为 1.5 m×2.5 m;抗震设防烈度为 8 度,设计基本加速度 0.2g,设计地震分组为第二组,Ⅱ类场地。现进行屋顶间墙体抗震承载力验算。

计算:① 墙体剪力设计值;② 屋顶间半层高处的墙体平均应力;③ 抗震抗剪强度设计值;④ 截面抗震承载力验算。

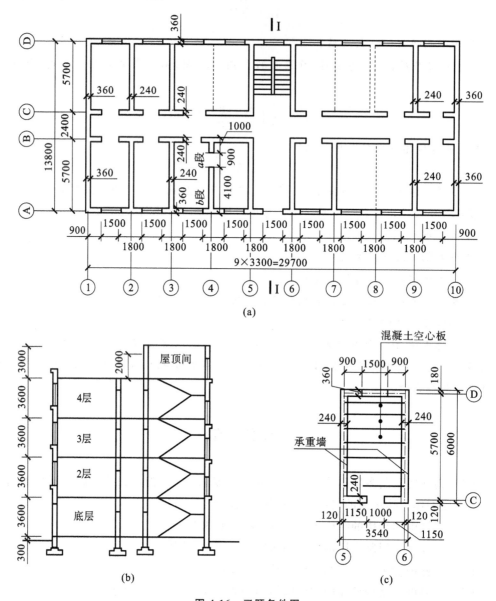

图 4-16 习题条件图

(a) 平面图;(b) 剖面图;(c) 屋顶间平面图

5　多层和高层钢筋混凝土房屋抗震设计

【学习目标】
　　了解框架结构房屋的震害特点,熟悉钢筋混凝土结构房屋的选型和布置原则,正确划分抗震等级,掌握钢筋混凝土框架结构房屋的抗震验算方法及抗震构造措施。

5.1　多层和高层钢筋混凝土房屋震害及分析

　　多层和高层钢筋混凝土结构包括框架、抗震墙、框架-抗震墙、框架-筒体等结构体系,近年来尚有异形柱框架和短肢剪力墙结构体系。

　　一般来说,钢筋混凝土结构具有较好的抗震性能,在地震时所遭受的破坏比砌体结构的震害轻得多。但若设计不当、无合理有效的抗震措施,或施工质量不良,钢筋混凝土房屋也会产生严重的震害。通过震害调查,分析震害现象及其原因,钢筋混凝土房屋大致有以下震害现象。

5.1.1　框架结构的震害

　　震害资料表明,钢筋混凝土框架结构地震破坏的主要部位是梁、柱连接处。框架结构在地震作用下,破坏集中于柱上、下端和梁两端,以及节点区。一般情况下,柱的震害重于梁,角柱的震害重于内柱,短柱的震害重于一般柱;不规则的结构,震害加重。

5.1.1.1　框架柱

　　当纵向受力钢筋配置不足时,柱端会出现水平裂缝。钢筋屈服后,水平裂缝快速开展,使柱受压区混凝土迅速减小而压坏,或者当柱端箍筋配置过少,对纵筋和混凝土的约束作用较弱,在压、弯、剪作用下出现混凝土开裂、剥落、钢筋压曲外鼓等现象(图5-1~图5-3)。

　　短柱(柱的净高与其截面高度的比值小于或接近4)的抗侧移刚度很大,所受的地震剪力也大,柱身会出现交叉的X形斜裂缝,严重时箍筋屈服崩断,柱断裂,造成房屋倒塌。

　　角柱是双向受弯构件,再加上扭转的影响,且所受的约束又比其他柱少,受到强震作用更易破坏(图5-4)。

图 5-1　汶川地震中某建筑柱顶破坏

图 5-2　地震中某建筑柱破坏

图 5-3　柱端出现局部损坏或出现塑性铰

图 5-4　框架角柱破坏

5.1.1.2　框架梁

震害多发生在梁端。梁端斜裂缝是由于梁端箍筋间距过大或直径过细,斜截面受剪承载力不足而导致。梁端竖向裂缝是由于水平地震反复作用,梁端出现正负弯矩,当纵向受力钢筋配置数量不足时出现(图 5-5)。

纵筋锚固破坏。当梁的纵筋在节点内锚固长度不足,或锚固构造不当,或节点区混凝土碎裂时,将会出现钢筋滑移现象,甚至从混凝土中拔出。

5.1.1.3　框架节点

在地震的反复作用下,节点的破坏机理很复杂,主要表现为:节点核心区产生斜向的 X 形裂缝,当节点区剪压比较大时,箍筋未屈服混凝土就被剪压酥碎而破坏,导致整个框架破坏。破坏的原因大都是混凝土强度不足、节点处的箍筋配置量小,或由于节点处钢筋太稠密使得混凝土浇捣不密实。

5.1.2　填充墙的震害

框架结构中的填充墙易发生墙面斜裂缝,并沿柱周边开裂,端墙、窗间墙和门窗洞口边角部位破坏更加严重,烈度较高时墙体容易倒塌。填充墙破坏(图 5-6)的主要原因是墙体受剪承载力低、变形能力小、墙体与框架缺乏有效的拉接,因此在反复地震作用下易发生剪切破坏和散落。

图 5-5　框架梁端破坏

图 5-6　地震作用下填充墙破坏

5.2　多层和高层钢筋混凝土房屋抗震设计的一般规定

5.2.1　结构选型

不同的结构体系,其抗震性能、使用功能以及经济指标均不相同。在进行方案设计时,应根据建筑物的高度、高宽比、建筑使用功能、场地条件、设防烈度等合理选择结构体系。

5.2.1.1　结构体系选择

在确定结构方案时,应根据建筑使用功能要求和抗震要求进行合理选择。从抗震角度来说,结构的抗侧刚度是选择结构体系时要考虑的重要因素。随着房屋高度的增加,结构在地震作用以及其他荷载作用下产生的水平位移增大,要求结构的抗侧移刚度也随之增大。而不同类型的钢筋混凝土结构体系,由于构件及其组成方式的不同和受力特点的不同,在抗侧移刚度方面有很大差别。如:框架结构抗侧移刚度较小,为控制其水平位移,宜用于高度不是很大的建筑;而抗震墙结构和筒体结构抗侧移刚度大,在场地条件和烈度要求相同的条件下,就可以建造更高的建筑。

除此以外,建筑的使用功能以及建筑所在的场地条件、抗震设防烈度对结构体系都有影响。因此,应综合以上因素合理选择结构体系。

5.2.1.2　房屋适用的最大高度

综合考虑地震烈度、场地类别、结构抗震性能、使用要求、经济效果、相应的抗震措施以及工程经验,《抗震规范》第 6.1.1 条对地震设防区的多、高层钢筋混凝土结构房屋的最大适用高度做出了规定。现浇钢筋混凝土房屋的结构类型和最大高度应符合表 5-1 的要求。平面和竖向均不规则的结构,适用的最大高度宜适当降低。

5.2.1.3　房屋适用的最大高宽比

为使房屋有足够的抗侧刚度和整体稳定性,钢筋混凝土高层建筑结构的高宽比不宜超过表 5-2 的规定。

表 5-1　　　　　　　　现浇钢筋混凝土房屋适用的最大高度　　　　　（单位：m）

结构类型		抗震设防烈度				
		6 度	7 度	8 度(0.2g)	8 度(0.3g)	9 度
框架		60	50	40	35	24
框架-抗震墙		130	120	100	80	50
抗震墙		140	120	100	80	60
部分框支抗震墙		120	100	80	50	不应采用
筒体	框架-核心筒	150	130	100	90	70
	筒中筒	180	150	120	100	80
板柱-抗震墙		80	70	55	40	不应采用

注：① 房屋高度是指室外地面到主要屋面板板顶的高度(不包括局部突出屋顶部分)。

　　② 框架-核心筒结构是指周边稀柱框架与核心筒组成的结构。

　　③ 部分框支抗震墙结构是指首层或底部两层为框支层的结构，不包括仅个别框支墙的情况。

　　④ 表中框架，不包括异形柱框架。

　　⑤ 板柱-抗震墙结构是指由板柱、框架和抗震墙组成抗侧力体系的结构。

　　⑥ 乙类建筑可按本地区抗震设防烈度确定其适用的最大高度。

　　⑦ 超过表内高度的房屋，应进行专门的研究和论证，采取有效的加强措施。

表 5-2　　　　　　　　钢筋混凝土结构房屋适用的最大高宽比

结构类型	6 度	7 度	8 度	9 度
框架	4	4	3	—

5.2.2　结构布置

结构体系确定后，应密切结合建筑设计进行结构布置，钢筋混凝土结构房屋结构布置的基本原则是：① 结构平面布置，应力求简单规则，主要抗侧力构件应对称均匀布置，尽量使结构的刚心与质心重合，避免地震时引起结构扭转和局部应力集中；② 结构的竖向布置，应使其质量沿高度方向均匀分布，避免结构刚度突变，并应尽可能降低建筑物的重心，以利于结构的整体稳定性；③ 合理设置变形缝；④ 加强楼(屋)盖的整体性；⑤ 尽可能做到技术先进、经济合理。

5.2.2.1　框架结构布置

框架结构主要用于 10 层以下的住宅、办公楼及各类公共建筑与工业建筑。常见的框架柱网形式有方格式和内廊式。

　　① 为抵抗不同方向的地震作用，承重框架宜双向设置。

　　② 楼、电梯间不宜设在结构单元的两端及拐角处。

　　③ 框架纵、横两个方向的刚度宜接近，沿高度不宜突变，以免造成薄弱层。

　　④ 梁与柱的轴线宜重合，不能重合时最大偏心距不宜大于柱宽的 1/4。

5.2.2.2 防震缝的设置

设置防震缝,可以将不规则的建筑结构划分为若干较为简单、规则的结构,使其有利于抗震。但防震缝会给建筑立面处理、地下室防水处理带来难度,而且在强震作用下防震缝两侧的相邻结构可能产生局部碰撞,造成震害。因此,应根据具体情况合理布置和设置防震缝。

首先,提倡少设防震缝。在可能的情况下,应尽可能通过合理选择结构类型,调整结构平、立面尺寸及布置,不设防震缝,同时采用合理的计算方法和有效的构造措施,以解决不设防震缝带来的不利影响。

当建筑物严重不规则、平面过长、有较大错层、不同部分的结构体系或地基条件有较大差异时,应考虑设置防震缝。

关于防震缝的设置,应符合下列规定。

① 防震缝宽度应符合下列要求:

a. 框架结构(包括设置少量抗震墙的框架结构)房屋的防震缝宽度,当高度不超过 15 m 时不应小于 100 mm;高度超过 15 m 时,6 度、7 度、8 度和 9 度分别每增加高度 5 m、4 m、3 m、2 m,宜加宽 20 mm。

b. 框架-抗震墙结构房屋的防震缝宽度不应小于 a 规定的 70%,抗震墙结构房屋的防震缝宽度不应小于 a 规定的 50%;且均不宜小于 100 mm。

c. 防震缝两侧结构类型不同时,宜按需要较宽防震缝的结构类型和较低房屋高度确定缝宽。

② 8 度、9 度框架结构房屋防震缝两侧层高相差较大时,防震缝两侧框架柱的箍筋应沿房屋全高加密,并可根据需要在缝两侧沿房屋全高各设置不少于两道垂直于防震缝的抗撞墙。

【例 5-1】 贴近已有 3 层框架结构的建筑一侧拟建 10 层框架结构的建筑,原有建筑物层高 4 m,新的建筑物层高均为 3 m,两者之间需设防震缝,该地区为 7 度抗震设防。试选用符合规定的防震缝最小宽度。

【解】 原框架结构高度为 3×4=12(m),拟建框架高度为 3×10=30(m),按较低房屋高度确定缝宽,因 3 层框架结构的建筑高度低于 15 m,采用缝宽为 100 mm。

【例 5-2】 在 7 度抗震设防区,一幢高为 60 m(自室外地坪至屋顶的距离)的框架-剪力墙结构大楼,楼顶上还有高为 4.5 m 的电梯机房一个。紧相邻的另一幢建筑是高为 20 m 的框架结构大厅。两楼的室内外标高差为 0.6 m。试确定防震缝宽。

【解】 两侧结构不同时,缝宽应按不利的结构类型和较低的房屋高度确定。即应按 20 m 的框架结构确立防震缝的宽度,设防烈度为 7 度,缝宽为

$$\delta=100+\frac{20.6-15}{4}\times20=128(\text{mm})$$

5.2.2.3 基础系梁的设置

框架单独柱基有下列情况之一时,宜沿两个主轴方向设置基础系梁:

① 一级框架和 Ⅳ 类场地的二级框架;

② 各柱基础底面在重力荷载代表值作用下的压力差别较大;

③ 基础埋置较深，或各基础埋置深度差别较大；

④ 地基主要受力层范围内存在软弱黏性土层、液化土层或严重不均匀土层；

⑤ 桩基承台之间。

5.2.2.4 楼梯间的设置

楼梯间的设置应符合下列要求。

① 宜采用现浇钢筋混凝土楼梯。

② 对于框架结构，楼梯间的布置不应导致结构平面特别不规则；楼梯构件与主体结构整浇时，应计入楼梯构件对地震作用及其效应的影响，应进行楼梯构件的抗震承载力验算；宜采用构造措施，减少楼梯构件对主体结构刚度的影响。

③ 楼梯间两侧填充墙与柱之间应加强拉接。

5.2.3 钢筋混凝土房屋的抗震等级

钢筋混凝土房屋应根据设防类别、烈度、结构类型和房屋高度采用不同的抗震等级，并应符合相应的计算和构造措施要求。丙类建筑的抗震等级应按表5-3确定。

表 5-3　　　　　　　　　　　现浇钢筋混凝土房屋的抗震等级

结构类型		抗震设防烈度								
		6 度		7 度			8 度			9 度
框架结构	高度/m	≤24	>24	≤24	>24		≤24	>24		≤24
	框架	四	三	三	二		二	一		一
	大跨度框架	三		二			一			一
框架-抗震墙结构	高度/m	≤60	>60	≤24	25～60	>60	≤24	25～60	>60	≤24	25～50
	框架	四	三	四	三	二	三	二	一	二	一
	抗震墙	三		三	二		二	一		一	
抗震墙结构	高度/m	≤80	>80	≤24	25～80	>80	≤24	25～80	>80	≤24	25～60
	抗震墙	四	三	四	三	二	三	二	一	二	一

注：① 建筑场地为 I 类时，除 6 度外应允许按表内降低一度所对应的抗震等级采取抗震构造措施，但相应的计算要求不应降低。

② 接近或等于高度分界时，应允许结合房屋不规则程度及场地、地基条件确定抗震等级。

③ 大跨度框架指跨度不小于 18 m 的框架。

使用以上表格确定抗震等级时，应注意以下几点：

① 丙类建筑的抗震等级应按表5-3确定，其他设防类别的建筑应按1.3节的规定调整设防烈度后再按表5-3确定抗震等级。

② 设置少量抗震墙的框架结构，在规定的水平力作用下，底部框架部分所承担的地震倾覆力矩大于结构总倾覆力矩的 50% 时，其框架的抗震等级应按框架结构确定，抗震墙的抗震等级可与其框架的抗震等级相同。

③ 裙房与主楼相连，除应按裙房本身确定抗震等级外，还应不低于主楼的抗震等级。

主楼结构在裙房顶板对应的相邻上下各一层应适当加强抗震构造措施。裙房与主楼分离时,应按裙房本身确定抗震等级。

【例 5-3】 已知某框架结构为乙类建筑,总高 $H=33$ m,所处地区为Ⅲ类场地,抗震设防烈度为 7 度,设计基本地震加速度为 0.15g。确定采用的抗震等级。

【解】 乙类建筑,应按设防烈度为 8 度考虑抗震措施,高度是 33 m,由表 5-3 可知,此框架的抗震等级为一级。

【例 5-4】 某 18 层钢筋混凝土框架-剪力墙结构,房屋的高度为 58 m,7 度设防,丙类建筑,场地为Ⅱ类。确定该框架、剪力墙的抗震等级。

【解】 丙类建筑,应按表 5-3 确定抗震等级。由条件查表知,框架的抗震等级为三级,剪力墙的抗震等级为二级。

5.2.4 钢筋混凝土结构房屋的材料

① 混凝土结构材料性能指标应符合下列要求:

a. 混凝土的强度等级,框支梁、框支柱及抗震等级为一级的框架梁、柱、节点核芯区,不应低于 C30;构造柱、芯柱、圈梁及其他各类构件不应低于 C20。

b. 抗震等级为一、二、三级的框架和斜撑构件(含梯段),其纵向受力钢筋采用普通钢筋时,钢筋的抗拉强度实测值与屈服强度实测值的比值不应小于 1.25;钢筋的屈服强度实测值与屈服强度标准值的比值不应大于 1.3,且钢筋在最大拉力下的总伸长率实测值不应小于 9%。

② 结构材料的性能指标宜符合下列要求:

a. 普通钢筋宜优先采用延性、韧性和焊接性较好的钢筋;普通钢筋的强度等级,纵向受力钢筋宜选用符合抗震性能指标不低于 HRB400 的热轧钢筋,也可采用符合抗震性能指标 HRB335 的热轧钢筋;箍筋宜采用符合抗震性能指标不低于 HRB335 的热轧钢筋,也可选用 HPB300 级的热轧钢筋。

b. 混凝土结构的混凝土强度等级,抗震墙不宜超过 C60;其他构件,9 度时不宜超过 C60,8 度时不宜超过 C70。

5.3 多层和高层钢筋混凝土房屋抗震计算

5.3.1 框架结构抗震设计步骤

结构计算考虑地震作用时,若不考虑风荷载,其计算过程如下:

① 结构选型与结构构件的布置;

② 初步确定梁柱截面尺寸及材料强度等级;

③ 计算荷载、刚度、自振周期、地震作用;

④ 多遇地震作用下的抗震变形验算;

⑤ 水平地震作用下结构的内力计算;

⑥ 竖向恒荷载作用下的内力计算,竖向活荷载作用下的内力计算;

⑦ 内力分析及内力组合;

⑧ 框架梁、柱配筋计算;

⑨ 必要时进行罕遇地震作用下薄弱层的弹塑性变形验算;

⑩ 结构构件和非结构构件抗震构造措施处理。

5.3.2 水平地震作用及其分配

地震作用下,可在建筑结构的两个主轴方向分别考虑水平地震作用,各方向的水平地震作用由该方向抗侧力框架结构承担。

计算多层框架结构的水平地震作用时,一般应以按防震缝划分的结构单元作为计算单元,在计算单元中各楼层重力荷载代表值的集中质点 G_i 设在楼(屋)盖标高处。

5.3.2.1 地震作用及其分配

对于高度不超过 40 m、质量和刚度沿高度分布比较均匀的框架结构,可采用底部剪力法按第 3 章所述原则分别求单元的总水平地震作用标准值 F_{Ek}、各层水平地震作用标准值 F_i 和顶部附加水平地震作用标准值 ΔF_n。

总的水平地震作用 F_{Ek}:

$$F_{Ek} = \alpha_1 G_{eq} \tag{5-1}$$

各质点的水平地震作用 F_i:

$$F_i = \frac{G_i H_i}{\sum_{j=1}^{n}(G_j H_j)} F_{Ek}(1 - \delta_n) \tag{5-2}$$

5.3.2.2 层间剪力及其分配

各楼层地震剪力标准值 V_i:

$$V_i = \sum_{j=1}^{n} F_i \tag{5-3}$$

将楼层地震剪力标准值 V_i 分配给各榀典型框架的各根柱:

$$V_{ij} = \frac{D_{ij}}{D_i} V_i \tag{5-4}$$

式中　V_{ij}——第 i 层第 j 根柱所分配的地震剪力;

　　　　V_i——第 i 层楼层剪力。

$$D_i = \sum_{j=1}^{n} D_{ij} \tag{5-5}$$

式中　D_i——第 i 层所有柱侧移刚度之和;

　　　　D_{ij}——第 i 层第 j 根柱子的侧移刚度。

5.3.3 水平地震作用下框架的内力计算

计算框架结构在水平荷载作用下的内力,常用反弯点法和 D 值法(修正的反弯点法)。D 值法在反弯点法的基础上修正了框架柱的侧移刚度及反弯点高度,此法比较精确,应用较为广泛。

水平地震作用沿建筑物高度呈倒三角形分布,用 D 值法计算内力步骤如下。

① 计算各层柱的侧移刚度 D。

$$D = \alpha K_c \cdot \frac{12}{h^2} \tag{5-6}$$

$$K_c = \frac{E_c I_c}{h} \tag{5-7}$$

式中　α——考虑节点转动时对柱侧移刚度的影响系数,按表 5-4 取用;

　　　　K_c——柱的线刚度;

　　　　E_c, I_c——柱混凝土的弹性模量、截面惯性矩;

　　　　h——柱高。

表 5-4　　　　　　　　　　　　　节点转动影响系数 α

楼层	边柱	中柱		α
一般层	K_1 K_c K_2　$\overline{K} = \dfrac{K_1+K_2}{2K_c}$	K_1　K_2 K_c K_3　K_4	$\overline{K} = \dfrac{K_1+K_2+K_3+K_4}{2K_c}$	$\alpha = \dfrac{\overline{K}}{2+\overline{K}}$
底层	K_5 K_c　$\overline{K} = \dfrac{K_5}{K_c}$	K_5　K_6 K_c　$\overline{K} = \dfrac{K_5+K_6}{K_c}$		$\alpha = \dfrac{0.5+\overline{K}}{2+\overline{K}}$

　　注:① $K_1 \sim K_6$ 为梁线刚度,K_c 为柱线刚度。

　　　　② $\overline{K}$ 为楼层梁柱平均线刚度比。

② 计算各柱分配的剪力,由式(5-4)计算。

③ 确定各柱反弯点高度位置。

$$yh = (y_0 + y_1 + y_2 + y_3)h \tag{5-8}$$

式中　y——反弯点高度比;

　　　　y_0——标准反弯点高度比;

　　　　y_1——上、下层线刚度发生变化时,柱的反弯点高度比修正值;

　　　　y_2, y_3——上、下层层高与本层层高不同时,柱的反弯点高度比修正值。

④ 计算柱端弯矩。

上端：

$$M_c^u = V_{ij}(h - y) \tag{5-9}$$

下端：

$$M_c^l = V_{ij}y \tag{5-10}$$

⑤ 计算梁端弯矩。

求出各柱端弯矩后，利用节点弯矩平衡条件即可求得梁端弯矩。

⑥ 计算梁端剪力。

以各梁为脱离体，将梁的左、右端弯矩之和除以梁跨，即得梁端剪力。

⑦ 计算柱轴力。

根据所求得的梁端剪力，自上而下逐层叠加节点左右的梁端剪力，可得到柱的轴力。

5.3.4 竖向荷载作用下框架的内力计算

竖向荷载作用下，框架结构内力的近似计算方法有分层法和弯矩二次分配法。常采用弯矩二次分配法，此法是将各节点的不平衡弯矩进行分配和传递，分配与传递两次即终止。

因为钢筋混凝土结构为弹塑性体，框架节点非绝对刚接，所以支座截面实际弯矩值小于理想刚节点框架弯矩值；且为避免因框架梁支座截面顶部负筋配置过多而影响结构延性，因此，在竖向荷载作用下宜考虑梁端塑性变形内力重分布，将梁端负弯矩值进行调幅。对于现浇钢筋混凝土框架结构可取调幅系数 0.8～0.9。将调幅后的梁端弯矩叠加简支梁的弯矩，即得到梁的跨中弯矩，如图 5-7 所示。

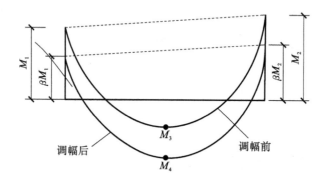

图 5-7 竖向荷载作用下梁端负弯矩调幅

只有竖向荷载作用下的梁端弯矩可以调幅，水平荷载作用下的梁端弯矩不能调幅。因此，必须先将竖向荷载作用下的梁端弯矩调幅后，再与水平荷载产生的梁端弯矩进行组合。

5.3.5 内力组合

经过内力分析，得到了框架结构在水平地震作用、竖向恒荷载、竖向活荷载作用下的内力标准值。在进行结构构件设计时，应根据可能出现的最不利情况确定构件内力设计值，然后进行截面设计。

（1）控制截面的确定

梁的控制截面是梁的跨中截面及梁端，柱的控制截面是柱的上、下端截面。

（2）内力组合

在进行内力组合时，一般应考虑地震作用和不计地震作用两种组合。

① 考虑地震作用。

$$S = 1.2S_{GE} = 1.3S_{Eh} \tag{5-11}$$

式中　S——水平地震作用效应与其他效应的基本组合设计值；

　　　S_{GE}——重力荷载代表值效应力；

　　　S_{Eh}——由水平地震作用标准值计算的内力。

② 不考虑地震作用。

取下列三种荷载效应组合中最不利者。

a. 永久荷载起控制作用：

$$S = 1.35S_{Gk} + 1.4\gamma S_{Lk} \tag{5-12a}$$

可变荷载起控制作用：

$$S = 1.2S_{Gk} + 1.4S_{Lk} \tag{5-12b}$$

b. "永久荷载＋风荷载"组合：

$$S = 1.2S_{Gk} = 1.4S_{Wk} \tag{5-13}$$

c. "永久荷载＋可变荷载＋风荷载"组合：

$$S = 1.2S_{Gk} + 0.9 \times (1.4S_{Wk} + 1.4S_{Lk}) \tag{5-14}$$

式中　S——荷载效应组合设计值；

　　　S_{Gk}, S_{Lk}, S_{Wk}——杆件控制截面处永久荷载、可变荷载、风荷载效应（即弯矩、剪力、轴力）标准值。

组合时，应注意以下几点：

a. 竖向荷载产生的梁端负弯矩应先调幅，再与地震作用产生的弯矩组合。

b. 跨中弯矩叠加不一定是跨中最大弯矩，对于永久荷载与可变荷载的组合，为安全起见可取两者跨中弯矩最大值叠加；对于永久荷载与可变荷载、地震作用组合，宜取脱离体由静力平衡条件确定。

当梁上仅有均布荷载时，可用数解法计算梁跨间在重力荷载和地震共同作用下的最大弯矩，如图 5-8 所示。

当地震作用由左至右时，可写出在左端点 x 位置处截面的弯矩方程：

$$M_x = R_A x - \frac{qx^2}{2} - M_{GA} + M_{EA} \tag{5-15}$$

由 $\dfrac{\mathrm{d}M_x}{\mathrm{d}x} = 0$ 解得跨中最大弯矩离 A 支座的距离为：

$$x = R_A / q \tag{5-16}$$

代入式（5-15）得：

$$M_{GE} = \frac{R_A^2}{2q} - M_{GA} + M_{EA} \tag{5-17}$$

式中　R_A——梁在 q、M_G、M_E 作用下左支座的反力。

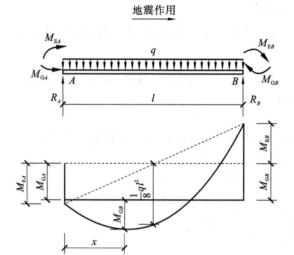

图 5-8 框架梁的内力组合

对 R_B 作用点取矩,可得

$$R_A = \frac{ql}{2} - \frac{M_{GB} - M_{GA} + M_{EA} + M_{EB}}{l}$$

5.3.6 内力调整

当地震烈度大于众值烈度时,钢筋混凝土框架结构将出现塑性铰,框架变形增大,地震作用也随之降低。这就意味着降低了结构的强度要求,达到了较为经济的设计效果。当然,随之而来的是框架塑性变形增加。如果在塑性变形发展过程中,结构承载力不显著降低,能安全工作,则称具有这种变形能力的框架为延性框架。

试验研究及工作经验表明,钢筋混凝土框架结构的变形能力与框架的破坏机制密切相关。设计时应尽可能做到"强柱弱梁,强剪弱弯,强节点弱杆件",促使框架以梁的受弯屈服形式的大变形来耗散地震能量,从而避免柱及节点的先前破坏以致房屋倒塌。

5.3.6.1 框架梁截面设计

框架梁的合理屈服机制是塑性铰出现在梁端,同时,希望梁上出现塑性铰而又不发生剪切破坏,因此,对梁端的设计提出以下要求:① 梁形成塑性铰后仍有足够的受剪承载力;② 梁筋屈服后,塑性铰区段应有较好的延性和耗能能力;③ 解决梁筋锚固问题。

为了使梁端有足够的抗剪承载力,实现"强剪弱弯"的设计思想,应充分估计框架梁端实际配筋达到屈服并产生超强时可能产生的最大剪力。

"强剪弱弯"设计原则的实质是控制梁柱构件的破坏形态,使其发生延性较好的弯曲破坏,避免脆性的剪切破坏。一、二、三级框架梁的梁端截面组合的剪力设计值应按下式调整:

$$V_b = \eta_{vb} \frac{M_b^l + M_b^r}{l_n} + V_{Gb} \tag{5-18}$$

9 度和一级框架结构尚应符合:

$$V_b = 1.1 \times \frac{M^l_{bua} + M^r_{bua}}{l_n} + V_{Gb} \tag{5-19}$$

式中　l_n——梁的净跨。

　　　　V_{Gb}——梁在重力荷载代表值(9度时高层建筑还应包括竖向地震作用标准值)作用下,按简支梁分析的梁端截面剪力设计值。

　　　　M^l_b, M^r_b——梁左、右端逆时针或顺时针方向正截面组合的弯矩设计值,一级框架两端弯矩均为负值时,绝对值较小一端弯矩取为零。

　　　　M^l_{bua}, M^r_{bua}——梁左、右端逆时针或顺时针方向根据实配钢筋面积(考虑受压筋)和材料强度标准值计算的抗弯承载力所对应的弯矩值。

　　　　η_{vb}——梁的剪力增大系数,一级为 1.3,二级为 1.2,三级为 1.1。

5.3.6.2　框架柱截面设计

柱是框架结构中最主要的承重构件,即使个别柱失效,也可能导致结构全面倒塌;另一方面,柱为偏压构件,其截面变形能力远不如以弯曲作用为主的梁。为确保柱有足够的承载力和延性,柱的设计应遵循以下原则:强柱弱梁,使柱端不出现塑性铰;在弯曲破坏之前不发生剪切破坏,使柱有足够的抗剪能力。

（1）强柱弱梁要求

为了使框架具有必要的承载能力、良好的变形能力和耗能能力,应使塑性铰首先在梁的根部出现,此时结构仍能继续承受重力荷载,保证框架不倒。反之,若塑性铰首先在柱上出现,很快就会在柱的上、下端都出现塑性铰,使框架由几何不变体转变为机构体系,造成房屋倒塌,如图 5-9 所示。因此设计时应遵循"强柱弱梁"原则,如图 5-10 所示。

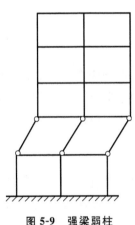

图 5-9　强梁弱柱

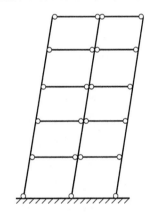

图 5-10　强柱弱梁

根据"强柱弱梁"原则进行调整的思路是:对同一节点,使其在地震作用组合下,柱端的弯矩设计值略大于梁端弯矩设计值。

一、二、三、四级框架的梁柱节点处,除框架顶层和柱轴压比小于 0.15 者及框支梁和框支柱的节点外,柱端组合弯矩设计值应符合下列公式要求:

$$\sum M_c = \eta_c \sum M_b \tag{5-20}$$

9 度和一级框架结构尚应符合:

$$\sum M_c = 1.2 \sum M_{bua} \tag{5-21}$$

式中 $\sum M_c$ —— 节点上、下柱端截面顺时针或逆时针方向组合的弯矩设计值之和,上、下柱端的弯矩设计值,可按弹性分析分配。

$\sum M_b$ —— 节点左、右梁端截面逆时针或顺时针方向组合的弯矩设计值之和,一级框架节点左、右梁端均为负弯矩时,绝对值较小的弯矩应取为零。

$\sum M_{bua}$ —— 节点左、右梁端截面逆时针或顺时针方向根据实配钢筋面积(考虑受压筋)和材料强度标准值计算的抗弯承载力所对应的弯矩值之和。

η_c —— 柱端弯矩增大系数,一级为 1.7,二级为 1.5,三级为 1.3,四级为 1.2。

当反弯点不在柱高范围内时,说明框架梁对柱的约束作用较弱,为了避免在竖向荷载和地震共同作用下柱压曲失稳,柱端的弯矩设计值可以乘以上述增大系数。

(2) 强剪弱弯要求

为了保证梁、柱的延性,要求梁、柱在塑性铰区的抗剪能力大于抗弯能力,不至于过早出现剪切破坏。

柱的剪力设计值:为防止框架柱出现剪切破坏,应充分估计到柱端出现塑性铰即达到极限抗弯承载力时有可能产生的最大剪力,并以此进行柱斜截面计算。

对于抗震等级为一、二、三、四级的框架柱组合的剪力设计值,应按式(5-22)进行调整:

$$V = \frac{\eta_{vc}(M_c^t + M_c^b)}{H_n} \tag{5-22}$$

9 度和一级框架柱端剪力设计值:

$$V = \frac{1.2(M_{cua}^t + M_{cua}^b)}{H_n} \tag{5-23}$$

式中 H_n ——柱的净高;

M_c^t, M_c^b ——柱的上、下端顺时针或逆时针方向截面组合的弯矩设计值;

M_{cua}^t, M_{cua}^b ——偏心受压柱的上、下端顺时针或逆时针方向实配的正截面抗震受弯承载力所对应的弯矩值,根据实配钢筋面积、材料强度标准值和轴压力等确定;

η_{vc} ——柱剪力增大系数,对框架结构,一、二、三、四级可分别取 1.5、1.3、1.2、1.1。

地震时,角柱处于复杂的受力状态,其弯矩和剪力设计值还应有所调整,一、二、三、四级框架结构的角柱,按调整后的组合弯矩设计值、剪力设计值尚应乘以不小于 1.1 的增大系数。

框架底层柱的根部对增提整体框架的延性起着控制作用,柱根过早出现塑性铰将影响整个结构的变形及耗能能力。为了延缓底层柱根塑性铰的出现,使整个结构的塑化过程得以充分发展,应适当加强底层柱的抗弯能力。一、二、三、四级框架结构的底层,柱下端截面组合的弯矩设计值,应分别乘以增大系数 1.7、1.5、1.3、1.2。

5.3.6.3 节点设计

框架节点是框架梁柱节点的公共部分,节点失效意味着与之相连的梁与柱同时失效。框架节点破坏的主要形式是节点核心区剪切破坏和钢筋锚固破坏,严重时会引起整个框架倒塌,且节点破坏后的修复较困难。因此,框架节点设计应遵循以下原则:

① 节点的承载力不应低于其连接件(梁、柱)的承载力,即强节点弱构件;

② 多遇地震时,节点应在弹性范围内工作;

③ 罕遇地震时,节点承载力的降低不得危及竖向荷载的传递。

强节点弱杆件应符合以下要求。

a. 一、二、三级框架梁柱节点核心区组合的剪力设计值,应按下列公式计算:

$$V_j = \frac{\eta_{jb} \sum M_b}{h_{b0} - a'_s}\left(1 - \frac{h_{b0} - a'_s}{H_c - h_b}\right) \tag{5-24}$$

b. 9度和一级框架结构尚应符合:

$$V_j = \frac{1.15 \sum M_{bua}}{h_{b0} - a'_s}\left(1 - \frac{h_{b0} - a'_s}{H_c - h_b}\right) \tag{5-25}$$

式中　V_j——梁柱节点核心区组合的剪力设计值;

h_{b0}——梁截面有效高度,节点两侧梁截面高度不等时可取平均值;

a'_s——梁受压钢筋合力点至受压边缘的距离;

H_c——柱的计算高度,可采用节点上、下柱反弯点之间的距离;

h_b——梁的截面高度,节点两侧梁截面高度不等时可取平均值;

η_{jb}——节点剪力增大系数,一级取 1.5,二级取 1.35,三级取 1.2;

$\sum M_b$—— 节点左、右梁端顺时针或逆时针方向截面组合的弯矩设计值之和;

$\sum M_{bua}$——节点左、右梁端顺时针或逆时针方向实配的正截面抗震受弯承载力所对应的弯矩值之和,可根据实配钢筋面积(计入受压筋)和材料强度标准值确定。

5.3.7　框架杆件的抗震承载力验算

框架梁、柱截面组合内力设计值确定后,按《混凝土结构设计规范》(GB 50010—2010)进行截面承载力验算,应分别满足地震作用和静力作用下的承载力要求。

$$\gamma_0 S \leqslant R \tag{5-26a}$$

$$S \leqslant R/\gamma_{RE} \tag{5-26b}$$

比较以上两式计算数值,选择控制内力。

5.3.7.1　框架梁的抗震承载力验算

(1) 梁的剪压比限值

剪压比是截面上平均剪应力与混凝土轴心抗压强度设计值之比,以 $V/(\beta_c f_c b h_0)$ 表示,来说明截面上承受名义剪应力的大小。梁塑性铰区的截面剪应力大小对梁的延性、耗能及保持梁的刚度和承载力有明显影响。根据实验,极限剪压比平均值约为 0.24,当剪压比大于 0.3 时,即使增加配箍,也会发生斜压破坏。

跨高比大于 2.5 的梁：

$$V \leqslant \frac{0.20 f_c b h_0}{\gamma_{RE}}$$ (5-27)

跨高比不大于 2.5 的梁：

$$V \leqslant \frac{0.15 f_c b h_0}{\gamma_{RE}}$$ (5-28)

式中　V——取调整后的梁端、柱端截面组合的剪力设计值。

（2）框架梁的正截面受弯承载力验算

考虑地震组合的框架梁，其正截面受弯承载力应按非抗震有关规定计算，但在受弯承载力计算公式的右边除以相应的承载力抗震调整系数 γ_{RE}。为使截面有足够的变形能力，在梁正截面受弯承载力计算中，计入纵向受压钢筋的梁端混凝土受压区高度应符合下列要求：一级抗震等级，$x \leqslant 0.25 h_0$；二、三级抗震等级，$x \leqslant 0.35 h_0$。且梁端纵向受拉钢筋的配筋率不宜大于 2.5%。

（3）框架梁的斜截面受剪承载力验算

首先，构件截面尺寸应满足式（5-27）、式（5-28）的要求。

其次，对于一般框架梁，在均布荷载作用下，其斜截面抗剪承载力应满足

$$V_b \leqslant \frac{1}{\gamma_{RE}} \left[0.6 \alpha_{cv} f_t b h_0 + f_{yv} \frac{A_{sv}}{s} h_0 \right]$$ (5-29)

式中　α_{cv}——截面混凝土受剪承载力系数。

5.3.7.2　框架柱的抗震承载力验算

（1）柱的剪压比限值

试验表明，如果剪压比过大，混凝土就会过早产生脆性破坏，使箍筋不能充分发挥作用。因此，必须限制剪压比，柱的剪压比限值也是构件最小截面限制条件。

钢筋混凝土结构的柱，其截面组合的剪力设计值应符合下列要求。

对剪跨比大于 2 的框架柱：

$$V \leqslant \frac{1}{\gamma_{RE}} \times 0.20 f_c b h_0$$ (5-30)

对剪跨比不大于 2 的柱：

$$V \leqslant \frac{1}{\gamma_{RE}} \times 0.15 f_c b h_0$$ (5-31)

剪跨比应按下式计算：

$$\lambda = \frac{M_c}{V_c h_0}$$ (5-32)

式中　λ——剪跨比，应按柱端截面组合的弯矩计算值 M_c，对应的截面组合剪力计算值 V_c 及截面有效高度 h_0 确定，并取上、下端计算结果的较大值；反弯点位于柱高中部的框架柱可按柱净高与 2 倍柱截面高度之比计算。

　　　　V——取调整后的梁端、柱端截面组合的剪力设计值。

（2）框架柱的正截面受弯承载力验算

考虑地震组合的框架柱抗震正截面承载力按非抗震规定计算，但在承载力计算公式的右边应除以相应的承载力抗震调整系数 γ_{RE}。

（3）框架柱的斜截面受剪承载力验算

首先，考虑地震组合的矩形截面框架柱，其受剪截面应符合式（5-30）、式（5-31）的条件。

其次，考虑地震作用组合的矩形截面框架柱和框支柱，其斜截面受剪承载力应符合下列规定：

$$V_c \leqslant \frac{1}{\gamma_{RE}}\left[\frac{1.05}{\lambda+1}f_t b h_0 + f_{yv}\frac{A_{sv}}{s}h_0 + 0.056N\right] \tag{5-33}$$

式中　λ——框架柱的计算剪跨比，按式（5-32）计算，当 λ 小于 1.0 时，取 1.0；当 λ 大于 3.0 时，取 3.0。

　　　　N——考虑地震作用的框架柱的轴向压力设计值，当 N 大于 $0.3f_c A$ 时，取 $0.3f_c A$。

5.3.7.3　框架梁柱节点的抗震承载力验算

（1）节点核心区剪压比限值

为了防止节点核心区混凝土斜压破坏，应控制剪压比不得过大，框架梁柱节点核心区的受剪水平截面应符合下列条件：

$$V_j \leqslant \frac{1}{\gamma_{RE}} \times 0.30\eta_j\beta_c f_c b_j h_j \tag{5-34}$$

式中　η_j——正交梁的约束影响系数，当楼板为现浇，四侧各梁截面宽度不小于该侧柱截面宽度的 1/2，且正交方向梁高度不小于框架梁高的 3/4 时，可采用 1.5，但对 9 度的一级宜采用 1.25，其他情况均采用 1.0。

　　　　h_j——节点核心区的截面高度，可采用验算方向的柱截面高度。

　　　　γ_{RE}——承载力抗震调整系数，可采用 0.85。

（2）节点核心区的抗震受剪承载力

框架节点的受剪承载力可以由混凝土和节点箍筋共同承担。影响受剪承载力的主要因素有柱轴向力、正交梁约束、混凝土强度和节点配箍情况等。

9 度设防烈度的一级抗震等级框架：

$$V_j \leqslant \frac{1}{\gamma_{RE}}\left(0.9\eta_j f_t b_j h_j + f_{yv}A_{svj}\frac{h_{b0}-a_s'}{s}\right) \tag{5-35}$$

其他情况：

$$V_j \leqslant \frac{1}{\gamma_{RE}}\left(0.1\eta_j f_t b_j h_j + 0.05\eta_j N\frac{b_j}{b_c} + f_{yv}A_{svj}\frac{h_{b0}-a_s'}{s}\right) \tag{5-36}$$

式中　N——对应于组合剪力设计值的上柱组合轴向压力较小值，其取值不应大于柱的截面面积和混凝土轴心抗压强度设计值乘积的 50%，当 N 为拉力时，取为 0。

　　　　A_{svj}——核心区有效验算宽度范围内同一截面验算方向箍筋的总截面面积。

5.4　钢筋混凝土框架房屋抗震构造措施

5.4.1　钢筋的锚固

在考虑地震作用时,纵向受拉钢筋的抗震锚固长度应符合以下规定。

① 纵向受拉钢筋的抗震锚固长度 l_{aE} 应按下式计算:

$$l_{aE} = \zeta_{aE} l_a \tag{5-37}$$

式中　ζ_{aE}——纵向受拉钢筋抗震锚固长度修正系数,一、二级抗震等级取 1.15,三级抗震等级取 1.05,四级抗震等级取 1.0;

　　　l_a——纵向受拉钢筋的锚固长度,按照《混凝土结构设计规范》(GB 50010—2010)计算。

② 当采用搭接连接时,纵向受拉钢筋的抗震搭接长度 l_{lE} 应按下列公式计算:

$$l_{lE} = \zeta_l l_{aE} \tag{5-38}$$

式中　ζ_l——纵向受拉钢筋搭接长度修正系数,纵向搭接钢筋接头面积百分率小于或等于 25% 时,$\zeta_l = 1.2$;小于或等于 50% 时,$\zeta_l = 1.4$;小于或等于 100% 时,$\zeta_l = 1.6$。当为其他数值时可按内插法取值。

5.4.2　框架梁的抗震构造措施

5.4.2.1　梁的截面尺寸

框架结构的框架梁的截面高度 h 可取计算跨度 l_0 的 1/18~1/10,截面宽度 b 可取截面高度 h 的 1/3~1/2。应综合考虑建筑功能要求确定框架梁的高度,一般来说,在各项计算指标满足规范要求的前提下,适当减小框架梁的高度不仅有利于提高房屋净高,提升建筑品质,而且有利于"强柱弱梁、强剪弱弯"设计目的的实现,有利于提高框架结构的抗震性能。

同时,梁的截面尺寸宜符合下列各项要求:

① 截面宽度不宜小于 200 mm;

② 截面高宽比不宜大于 4;

③ 净跨与截面高度之比不宜小于 4。

梁的截面宽度不宜小于 200 mm,否则,在地震作用时,因塑性铰的出现混凝土保护层剥落而造成梁截面过于薄弱,影响梁的抗剪承载能力。为了保证节点核心区的约束能力,梁的宽度也不应小于梁高的 1/4。

框架梁、柱中心线宜重合。当梁柱中心线不能重合时,在计算时应该考虑偏心对梁柱节点核心区受力和构造的不利影响,以及梁的荷载对柱子的偏心影响。梁、柱中心线之间的偏心距,非抗震设计和 6~8 度抗震设计时不宜大于柱截面在该方向宽度的 1/4。

关于截面尺寸,梁宽大于柱宽的扁梁应符合下列要求。

① 采用扁梁的楼（屋）盖应现浇，梁中线宜与柱中线重合，扁梁应双向布置。扁梁的截面尺寸应符合下列要求，并应满足现行有关规范对挠度和裂缝宽度的规定：

$$b_b \leqslant 2b_c \tag{5-39a}$$

$$b_b \leqslant b_c + h_b \tag{5-39b}$$

$$h_b \geqslant 16d \tag{5-39c}$$

式中　b_c——柱的截面宽度，圆形截面取柱直径的 4/5；

　　　b_b,h_b——梁截面宽度和高度；

　　　d——柱纵筋直径。

② 扁梁不宜采用一级框架结构。

5.4.2.2　框架梁内钢筋的配置

① 梁的钢筋配置，应符合下列各项要求：

a. 梁端计入受压钢筋的受压混凝土高度与有效高度之比，一级不应大于 0.25，二、三级不应大于 0.35。

b. 梁端截面的底面和顶面纵向钢筋配筋量的比值，除按计算确定外，一级不应小于 0.5，二、三级不应小于 0.3。

c. 梁端箍筋加密区的长度、箍筋最大间距和最小直径应按表 5-5 采用，当梁端纵向受拉钢筋配筋率大于 2% 时，表中箍筋最小直径数值应增大 2 mm。

表 5-5　　　　　　　　　　**梁端箍筋加密区长度、箍筋的最大间距和最小直径**

抗震等级	加密区长度（采用较大值）/mm	箍筋最大间距 （采用较小值）/mm	箍筋最小直径/mm
一	$2h_b$，500	$h_b/4,6d,100$	10
二	$1.5h_b$，500	$h_b/4,8d,100$	8
三	$1.5h_b$，500	$h_b/4,,8d,150$	8
四	$1.5h_b$，500	$h_b/4,8d,150$	6

注：① d 为纵向钢筋直径，h_b 为梁截面高度。

　　② 箍筋直径大于 12 mm，数量不少于 4 肢且肢距不大于 150 mm 时，一、二级的最大间距应允许适当放宽，但不得大于 150 mm。

② 梁的钢筋配置，尚应符合下列规定：

a. 梁端纵向受拉钢筋的配筋率不宜大于 2.5%。沿梁全长顶面、底面的配筋，一、二级不应小于 2φ14，且分别不应小于梁顶面、底面两端纵向配筋中较大截面面积的 1/4；三、四级时钢筋不应小于 2φ12。

b. 一、二、三级框架梁内贯通中柱的每根纵向钢筋直径，对于框架结构不应大于矩形截面柱在该方向截面尺寸的 1/20，或纵向钢筋所在位置圆形截面柱弦长的 1/20；对于其他结构类型的框架，不宜大于矩形截面柱在该方向截面尺寸的 1/20，或纵向钢筋所在位置圆形截面柱弦长的 1/20。

c. 梁端箍筋加密区的箍筋肢距，一级不宜大于 200 mm 和 20 倍箍筋直径的较大值，二、三级不宜大于 250 mm 和 20 倍箍筋直径的较大值，四级不宜大于 300 mm。

③ 框架梁的钢筋配置：纵向受拉钢筋的配筋率不应小于表 5-6 规定的数值。

表 5-6　　　　　　　　　　　　框架梁纵向受拉钢筋最小配筋百分率

抗震等级	梁中位置	
	支座（取较大值）/%	跨中（取较大值）/%
一级	0.40 和 80f_t/f_y	0.30 和 65f_t/f_y
二级	0.30 和 65f_t/f_y	0.25 和 55f_t/f_y
三、四级	0.25 和 55f_t/f_y	0.20 和 45f_t/f_y

5.4.3　框架柱的抗震构造措施

5.4.3.1　框架柱的截面尺寸

柱的截面尺寸宜符合下列要求：

① 截面的宽度和高度，四级或不超过 2 层时不宜小于 300 mm，一、二、三级且超过 2 层时不宜小于 400 mm；圆柱的直径，四级或不超过 2 层时不宜小于 350 mm，一、二、三级且超过 2 层时不宜小于 450 mm。

② 剪跨比宜大于 2。

③ 截面的长边和短边的边长之比不宜大于 3。

5.4.3.2　框架柱的轴压比限值

轴压比是指柱组合的轴压力设计值与柱的全截面面积和混凝土轴心抗压强度设计值乘积的比值。轴压比只适用于抗震设计的柱子，非抗震设计的柱子不受轴压比限值的影响。结构形式和抗震等级是直接影响轴压比限值的主要因素。

为保证强柱弱梁和增加柱的延性，在确定柱的截面尺寸时应首先保证柱的轴压比限值。震害分析表明，框架柱轴压比越大，结构延性越差，震害就越严重。

柱轴压比不宜超过表 5-7 的规定，建造于 Ⅳ 类场地且较高的高层建筑，柱轴压比限值应适当减小。

表 5-7　　　　　　　　　　　　　柱轴压比限值

结构类型	抗震等级			
	一	二	三	四
框架结构	0.65	0.75	0.85	0.90
框架-抗震墙，板柱-抗震墙	0.75	0.85	0.90	0.95
部分框支抗震墙	0.6	0.7	—	—

注：① 表内限值适用于剪跨比大于 2，混凝土强度等级不高于 C60 的柱；剪跨比不大于 2 的柱，轴压比值应降低 0.05；剪跨比小于 1.5 的柱，轴压比限值应专门研究并采取特殊构造措施。

　　② 沿柱全高采用井字复合箍筋，肢距不大于 200 mm、间距不大于 100 mm、直径不小于 12 mm，或沿柱全高采用复合螺旋箍、螺旋间距不大于 100 mm、箍筋肢距不大于 200 mm、直径不小于 12 mm，或沿全高采用连续复合矩形螺旋箍、螺旋净距不大于 80 mm、箍筋肢距不大于 200 mm、直径不小于 10 mm，轴压比值均可增加 0.10。

　　③ 轴压比不应大于 1.05。

5.4.3.3 框架柱内钢筋的配置

① 柱的钢筋配置,应符合下列各项要求:

a. 柱纵向受力钢筋的最小总配筋率应按表 5-8 采用,同时每一侧配筋率不应小于 0.2%,对建于 IV 类场地且较高的高层建筑,最小总配筋率应增加 0.1%。

表 5-8　　　　　　　　柱截面纵向受力钢筋最小配筋率　　　　　　　　（单位:%）

类别	抗震等级			
	一	二	三	四
中柱和边柱	0.9(1.0)	0.7(0.8)	0.6(0.7)	0.5(0.6)
角柱、框支柱	1.1	0.9	0.8	0.7

注:① 表中括号内数值用于框架结构的柱。

② 钢筋强度标准值小于 400 MPa 时,表中数值应增加 0.1,钢筋强度标准值为 400 MPa 时,表中数值应增加 0.05。

③ 当混凝土强度等级高于 C60 时,上述数值应相应增加 0.1。

b. 柱端箍筋在规定范围内应设置加密区,加密区的箍筋间距和直径应符合下列要求。

（a）一般情况下,箍筋的最大间距和最小直径应按表 5-9 采用。

表 5-9　　　　　　　　柱箍筋加密区的最大箍筋间距和最小直径

抗震等级	箍筋最大间距(采用较小值)/mm	箍筋最小直径/mm
一	$6d$,100	10
二	$8d$,100	8
三	$8d$,150(柱根 100)	8
四	$8d$,150(柱根 100)	6(柱根 8)

注:① d 为柱纵向钢筋最小直径。

② 柱根指底层柱下端箍筋加密区。

（b）一级框架柱的箍筋直径大于 12 mm 且箍筋肢距不大于 150 mm 及二级框架柱的箍筋直径不小于 10 mm 且箍筋肢距不大于 200 mm 时,除底层柱下端外,最大间距应允许采用 150 mm;三级框架柱的截面尺寸不大于 400 mm 时,箍筋最小直径应允许采用 6 mm;四级框架柱剪跨比不大于 2 时,箍筋直径不应小于 8 mm。

（c）框支柱和剪跨比不大于 2 的框架柱,箍筋间距不应大于 100 mm。

② 柱的纵向钢筋配置,尚应符合下列规定:

a. 柱的纵向钢筋宜对称配置。

b. 截面边长大于 400 mm 的柱,纵向钢筋间距不宜大于 200 mm。

c. 柱总配筋率不应大于 5%;剪跨比不大于 2 的一级框架的柱,每侧纵向钢筋配筋率不宜大于 1.2%。

d. 边柱、角柱及抗震墙端柱在小偏心受拉时,柱内纵筋总截面面积应比计算值增加 25%。

e. 柱纵向钢筋的绑扎接头应避开柱端的箍筋加密区。

根据震害研究,框架柱的破坏主要集中在柱端 1.0~1.5 倍柱截面高度范围内。加密柱端箍筋有以下作用：承担柱子剪力；约束混凝土、提高混凝土的抗压强度及变形能力；为纵向钢筋提供侧向支撑，防止纵筋压曲。

③ 柱的箍筋配置尚应符合下列要求。

a. 柱的箍筋加密区范围应按下列规定采用：

（a）柱端取截面高度（圆柱直径）、柱净高的 1/6 和 500 mm 三者中的最大值；

（b）底层柱的下端不小于柱净高的 1/3；

（c）刚性底面上、下各 500 mm；

（d）剪跨比不大于 2 的柱、因设置填充墙等形成的柱净高与柱截面高度之比不大于 4 的柱、框支柱，一级和二级框架的角柱，取全高。

b. 柱箍筋加密区的箍筋肢距，一级不宜大于 200 mm，二、三级不宜大于 250 mm，四级不宜大于 300 mm。至少每隔一根纵向钢筋宜在两个方向有箍筋或拉筋约束；采用拉筋复合箍时，拉筋宜紧靠纵筋并钩住箍筋。

c. 柱箍筋加密区的体积配箍率，应按下列规定采用。

柱端箍筋加密区约束箍筋的体积配箍率应符合式（5-40）的要求：

$$\rho_v \geqslant \frac{\lambda_v f_c}{f_{yv}} \qquad (5\text{-}40)$$

式中　ρ_v——柱箍筋加密区的体积配箍率，一级不应小于 0.8%，二级不应小于 0.6%，三、四级不应小于 0.4%；计算复合螺旋箍的体积配箍率时，其非螺旋箍的箍筋体积应乘以折减系数 0.8。

　　　　f_c——混凝土轴心抗压强度设计值，强度等级低于 C35 时，应按 C35 计算。

　　　　λ_v——最小配箍特征值，宜按表 5-10 采用。

表 5-10　　　　　　　　　　　　柱箍筋加密区的箍筋最小配箍特征值

抗震等级	箍筋形式	柱轴压比								
		≤0.3	0.4	0.5	0.6	0.7	0.8	0.9	1.0	1.05
一	普通箍、复合箍	0.10	0.11	0.13	0.15	0.17	0.20	0.23	—	—
	螺旋箍、复合或连续复合矩形螺旋箍	0.08	0.09	0.11	0.13	0.15	0.18	0.21	—	—
二	普通箍、复合箍	0.08	0.09	0.11	0.13	0.15	0.17	0.19	0.22	0.24
	螺旋箍、复合或连续复合矩形螺旋箍	0.06	0.07	0.09	0.11	0.13	0.15	0.17	0.20	0.22
三	普通箍、复合箍	0.06	0.07	0.09	0.11	0.13	0.15	0.17	0.20	0.22
四	螺旋箍、复合或连续复合矩形螺旋箍	0.05	0.06	0.07	0.09	0.11	0.13	0.15	0.18	0.20

注：普通箍指单个矩形箍和单个圆形箍；复合箍指由矩形、多边形、圆形箍或拉筋组成的箍筋；复合螺旋箍指由螺旋箍与矩形、多边形、圆形箍或拉筋组成的箍筋；连续复合矩形螺旋箍指用一根通长钢筋加工而成的箍筋。

d. 柱箍筋非加密区的箍筋配置，应符合下列要求：

（a）柱箍筋非加密区的体积配箍率不宜小于加密区的 50%。

（b）箍筋间距，一、二级框架柱不应大于 10 倍纵向钢筋直径，三、四级框架柱不应大于 15 倍钢筋间距。

5.4.4 框架结构填充墙的抗震构造措施

钢筋混凝土结构中的砌体填充墙应符合下列要求：
① 填充墙在平面和竖向的布置宜均匀对称，避免形成薄弱层和短柱。
② 砌体的砂浆强度等级不应低于 M5。

5.4.5 框架结构节点的抗震构造措施

5.4.5.1 框架节点内钢筋基本构造要求

① 框架节点内箍筋的最大间距、最小直径宜按表 5-9 采用。
② 对一、二、三级抗震等级的框架节点核心区，配箍特征值 λ_v 分别不宜小于 0.12、0.10 和 0.08，且其箍筋体积配箍特征值分别不宜小于 0.6%、0.5% 和 0.4%。
③ 当框架柱的剪跨比不大于 2 时，其节点核心区体积配箍率不宜小于核心区上、下柱端体积配箍率中的较大值。

5.4.5.2 框架节点内钢筋的锚固

框架梁和框架柱的纵向受力钢筋在框架节点区的锚固和搭接应符合下列要求。

（1）顶层中间节点
① 顶层中间节点的柱纵向钢筋直接伸至柱顶面，其锚固长度不应小于 l_{aE}。当直线锚固长度不足时，柱纵向钢筋直接伸至柱顶后向内弯折，弯折前的垂直投影长度不应小于 $0.5l_{aE}$，弯折后的水平投影长度取 $12d$（d 为纵筋的直径），如图 5-11 所示。
② 当楼盖为现浇混凝土，且板的混凝土强度不低于 C20、板厚不小于 80 mm 时，柱纵向钢筋直接伸至柱顶后可向内弯折也可向外弯折，弯折后的水平投影长度取 $12d$。

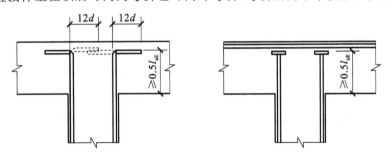

图 5-11　梁柱纵筋在顶层中间节点范围内的锚固

（2）顶层边节点
在框架顶层边节点，梁上部纵向钢筋与柱外侧纵向钢筋的搭接做法有两种。
① 搭接接头可沿节点外边及梁上边布置，如图 5-12（a）所示。搭接长度不能小于 $1.5l_{aE}$，柱外侧纵向钢筋应有不少于 65% 伸入梁内。其中，不能伸入梁内的柱外侧纵向钢筋宜沿柱顶伸至柱内边；当该柱筋位于顶部第一层，伸至柱内边后宜向下弯折不少于

$8d$ 长度后截断；当该柱筋位于顶部第二层时，伸至柱内边后截断。当楼盖为现浇混凝土，且板的混凝土强度不低于 C20、板厚不小于 80 mm 时，梁宽范围外的柱纵向钢筋可伸入现浇板内，其伸入长度与伸入梁内柱纵向钢筋相同。

当柱外侧纵向钢筋配筋率大于 1.2% 时，伸入梁内钢筋宜分两批截断，其截断点间距不宜小于 $20d$。梁上部纵向钢筋应伸至柱外边后向下弯折到梁底标高。

这种做法由于梁筋不伸入柱内，便于施工。

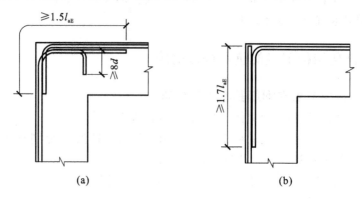

图 5-12　梁柱的纵向钢筋在顶层边节点范围内的锚固和搭接

② 当梁柱配筋率较高时，可将外侧柱筋伸至柱顶，梁上部纵筋伸至节点外边后向下弯折与柱外侧纵筋搭接，其直接搭接长度不应小于 $1.7l_{aE}$，如图 5-12(b) 所示。其中外侧柱筋伸至柱顶后向内弯折，弯折后的水平投影长度不宜小于 $12d$。

这种搭接做法由于柱顶的水平钢筋数量较少，便于浇筑混凝土。

顶层边节点的柱内侧纵筋锚固做法同顶层中间节点，梁下部纵筋锚固做法同楼层边节点。

（3）标准层中间节点

梁上部纵向钢筋应贯穿楼层中间节点；梁下部纵筋深入中间节点的锚固长度不应小于 l_{aE}，且伸过柱中心线不应小于 $5d$，如图 5-13 所示。

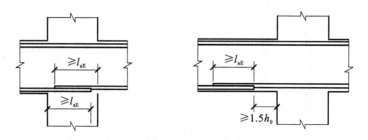

图 5-13　梁的纵向钢筋在标准层中节点范围内的锚固

（4）标准层边节点

梁上部纵向钢筋在楼层边节点内用直线锚固方式锚入边节点时，其锚固长度除不应小于 l_{aE} 外，还应伸过节点中心线不小于 $5d$，如图 5-14(a) 所示。当纵向钢筋在边节点内水平直线锚固长度不足时，应伸过柱外边并向下弯折，弯折前的水平投影长度不应小于

$0.4l_{aE}$,弯折后的垂直投影长度取$15d$,如图 5-14(b)所示。

梁下部纵筋在节点的锚固方法同上部纵向钢筋,但向上弯折。

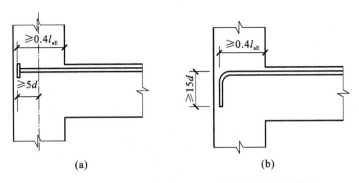

(a)　　　　　　　　　　　(b)

图 5-14　梁的纵向钢筋在标准层边节点范围内的锚固

5.5　框架设计实训

5.5.1　设计目的

通过工程设计,综合运用和深化所学理论知识,进行专业技能的基本训练,着重培养以下能力:

① 独立分析和解决问题的能力;

② 调查研究、搜集资料、查阅资料的能力 ;

③ 综合技术和经济的分析比较能力;

④ 结构受力理论分析及设计运算能力;

⑤ 应用计算机进行计算及绘图的能力;

⑥ 进行手绘工程施工图的能力;

⑦ 编写设计说明书、计算书的能力。

5.5.2　工程概况

根据需要,某市拟建一幢商业批发楼。经有关部门批准,并经城市规划部门审核批准,拟建地点在某市郊。

(1)建筑功能

该营业楼建筑面积约为 2000 m^2(上、下浮动 5%),建筑平面为长方形,层数为 3 层,底层高 4.5 m,其余层高 4.2 m,室内±0.000 相当于绝对高程 880 m。一层平面图如图 5-15 所示。

营业楼三层考虑设置不小于 100 m^2 的办公室,楼内不设卫生间。屋面为不上人卷材防水屋面,屋面排水按有组织内排水设计。

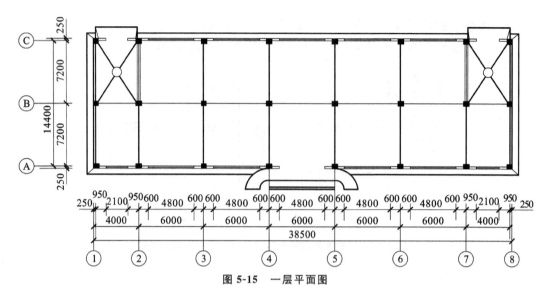

图 5-15　一层平面图

营业楼外墙面为白色面砖,室内地面采用深红色地板砖,内墙面为水泥砂浆抹面,白色乳胶漆。外墙门窗为铝合金门窗,其余为木门窗,其他做法自行设计。结构体系采用钢筋混凝土现浇框架结构。

（2）水、暖、电部分

按建筑设计防火规范要求,该楼应设置消防栓,通风以自然通风为主,电按常规设计。

（3）施工条件

施工由××公司承包,该公司技术力量强,能从事各种民用建筑的施工。

工程所需的各种门窗,中小型钢筋混凝土预制构件以及钢筋、水泥、砂、石等材料,均可按设计要求保证供应。

施工用水、用电可就近在主干道旁接入,能满足施工要求,劳动力可满足施工需要。

5.5.3　设计条件

① 水文、气象资料。

年平均温度 3 ℃。

最低日平均温度－14.8 ℃（1 月）,绝对最低温度－32 ℃。

最热日平均温度 24 ℃。

冬季通风室内设计温度 22 ℃。

年相对湿度,历年平均 60.3%,最热日平均 46%。

冻土情况:冻土深度 1.2～1.3 m,冻土期 10 月 15 日至次年 3 月 15 日。

降雨量:平均 290.8 mm,日最大量 45.7 mm,每小时最大降雨量 13.4 mm。

最大积雪深度 480 mm,每年积雪天数为 157 天。

② 地质情况:地基土由素填土、砂砾石、弱风化基岩组成,第一层土为素填土,层厚 1.5～1.7 m,地基承载力标准值为 120 kN/m²;第二层为砂砾石,层厚 8.5～8.8 m,地基承载力标准值为 250 kN/m²;第三层为弱风化基岩,地基承载力标准值为 350 kN/m²。

场地类别为Ⅱ类,场地地下 15.00 m 深度范围内无可液化土层。地下水位标高为790 m,水质对混凝土无侵蚀性。拟建场地地形平缓。

③ 抗震设防为 8 度、$0.2g$、第一组。

④ 楼面活荷载标准值为 3.5 kN/m²。

⑤ 基本风压 $w_0 = 0.60$ kN/m²(地面粗糙度属 B 类),基本雪压 $S_0 = 0.75$ kN/m²($n = 50$ 年)。

⑥ 材料强度等级:混凝土强度等级为 C25,纵向钢筋为 HRB335,箍筋为 HPB300。

⑦ 屋面做法(自上而下):SBS 防水层(0.4 kN/m²),30 mm 厚细石混凝土找平(24 kN/m³),陶粒混凝土找坡(2%、7 kN/m³),125 mm 厚加气混凝土块保温(7 kN/m³),150 mm 厚现浇钢筋混凝土板(25 kN/m³),吊顶或粉底(0.4 kN/m²)。

⑧ 楼面做法(自上而下):地板砖地面(0.60 kN/m²),150 mm 厚现浇钢筋混凝土板(25 kN/m³),吊顶或粉底(0.4 kN/m²)。

⑨ 门窗作法:均采用铝合金门窗。

⑩ 墙体:外墙为 250 mm 厚加气混凝土块,外贴面砖内抹灰;内墙为 200 mm 厚加气混凝土块,两侧抹灰。

5.5.4 设计内容及深度

通过该设计,重点培养对所学理论的实际运用以及分析问题和解决问题的能力,掌握多、高层房屋的结构选型、结构布置、结构计算及结构施工图绘制的全过程,学会使用工程软件,利用计算机进行结构计算,了解计算机绘图方法,学会使用各种建筑规范,达到一定的设计水平。有关结构设计部分内容如下。

① 多层和高层房屋的结构选型,多层框架房屋的结构方案及布置。

② 结构计算包括:

a. 结构布置及截面尺寸初估;

b. 荷载计算及标准构件的选用;

c. 用手算方法进行框架体系的内力分析、内力计算及内力组合;

d. 内力及侧移计算;

e. 截面设计;

f. 基础设计。

③ 用计算机进行框架体系的内力分析、内力计算及配筋。

④ 绘制施工图(一张计算机绘制,三张手绘)。

5.5.5 设计资料

《混凝土结构设计规范》(GB 50010—2010)(以下简称《混凝土设计规范》)、《建筑结构荷载规范》(GB 50009—2012)(以下简称《荷载规范》)、《抗震规范》、《静力计算手册》、《混凝土结构计算手册》、《抗震设计手册》、《建筑抗震构造图集》。

5.5.6 结构方案

（1）结构体系

考虑该建筑为商业批发楼，开间进深、层高较大，根据《抗震规范》第 6.1.1 条，框架结构体系选择大柱网布置方案。

（2）结构抗震等级

根据《抗震规范》第 6.1.2 条，该全现浇框架结构处于 8 度设防区，总高度 12.64 m，因此属二级抗震。

（3）楼盖方案

考虑本工程楼面荷载较大，对于防渗、抗震要求较高，为了符合适用、经济、美观的原则和增加结构的整体性及施工方便，采用整体式双向板肋梁楼盖。

（4）基础方案

根据工程地质条件，地基有较好的土质，地耐力高，故采用柱下独立基础。

5.5.7 结构布置及梁柱截面初估

结构布置如图 5-16 所示。

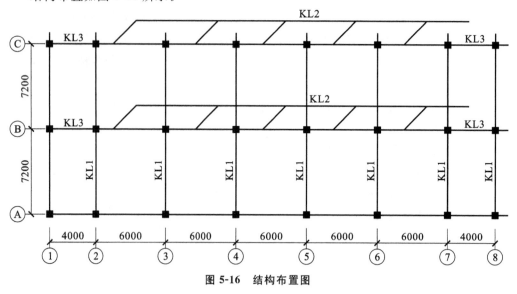

图 5-16　结构布置图

各梁柱截面尺寸初估如下。

（1）框架梁

根据《抗震规范》第 6.3.1 条，梁宽不小于 200 mm，梁高不大于 4 倍梁宽，梁净跨不小于 4 倍梁高，又参考受弯构件连续梁，梁高 $h=(1/12\sim1/8)L$，梁宽 $b=(1/3\sim1/2)h$。

（2）框架柱

根据《抗震规范》第 6.3.5 条，柱截面宽度 b 不小于 400 mm，柱净高与截面高度之比不宜小于 4,根据《抗震规范》第 6.3.6 条规定,二级抗震等级框架柱轴压比限值为 0.75。

框架梁、柱截面尺寸初估见表 5-11。

框架梁的计算跨度以柱形心线为准,由于建筑轴线与柱形心线重合,而外墙面与柱外边线齐平,故 ① 轴、⑧ 轴、Ⓐ轴、Ⓒ轴梁及填充墙均偏心 125 mm,满足《抗震规范》第 6.1.5 条规定。

表 5-11　　　　　　　　　　　　梁、柱的截面尺寸　　　　　　　　　　　　（单位:mm）

构件	编号	计算跨度 L	$h=(1/12\sim1/8)L$	$b=(1/3\sim1/2)h$
横向框架梁	KL1	7200	650	250
纵向框架梁	KL2	6000	600	250
	KL3	4000	600	250
底层框架柱	KZ1	5500	500	500
其他层框架柱	KZ2	4200	500	500

5.5.8　荷载计算

（1）屋面荷载标准值

SBS 防水层	0.40 kN/m²
30 mm 厚细石混凝土找平层	$24\times0.03=0.72(\text{kN/m}^2)$
陶粒混凝土并找坡（平均厚 115 mm）	$7\times0.115=0.805(\text{kN/m}^2)$
125 mm 厚加气混凝土块保温	$7\times0.125=0.875(\text{kN/m}^2)$
150 mm 厚现浇钢筋混凝土板	$25\times0.15=3.75(\text{kN/m}^2)$
吊顶	0.40 kN/m²
屋面恒荷载标准值小计	6.95 kN/m²
屋面活荷载标准值（雪荷载）	0.75 kN/m²

（2）楼面荷载标准值

水磨石地面	0.65 kN/m²
150 mm 厚现浇混凝土板	$25\times0.15=3.75(\text{kN/m}^2)$
吊顶	0.40 kN/m²
楼面恒荷载标准值	4.80 kN/m²
楼面活荷载标准值	3.50 kN/m²

（3）楼面自重标准值

包括梁侧、柱侧抹灰,有吊顶房间梁不包括抹灰。例如:

KL1:$b\cdot h=0.25\times0.65$,净长 6.7 m;

均布线荷载:$25\times0.25\times0.65=4.06(\text{kN/m})$;

重量:$4.06\times6.7=27.20(\text{kN})$;

KZ1:$b\cdot h=0.5\times0.5$,净长 5.5 m;

均布线荷载:$25\times0.5\times0.5+0.02\times40=7.05(\text{kN/m})$;

Z1 重量:7.05×5.5=38.78(kN)。

梁、柱自重标准值见表 5-12。

表 5-12　　　　　　　　　　　　　　　　　**梁、柱自重表**

构件编号	截面/m×m	长度/m	线荷载/(kN/m)	每根重量/kN	每层根数	每层总重/kN
KL1	0.25×0.65	6.7	4.06	27.20	16	435.2
KL2	0.25×0.6	5.5	3.75	20.63	15	309.4
KL3	0.25×0.6	3.5	3.75	13.13	6	78.8
KZ1	0.5×0.5	5.5	7.05	38.78	24	930.72
KZ2	0.5×0.5	4.2	7.05	29.61	24	710.64

注:梁长为净跨。

（4）墙体自重标准值

外墙体均采用 250 mm 厚加气混凝土块填充,内墙均采用 200 mm 厚加气混凝土块填充。内墙抹灰,外墙贴面转,面荷载如下。

250 mm 厚加气混凝土墙:

$$7 \times 0.25 + 17 \times 0.02 + 0.5 = 2.59(kN/m^2)$$

200 mm 厚加气混凝土墙:

$$7 \times 0.2 + 17 \times 0.02 \times 2 = 2.08(kN/m^2)$$

240 mm 厚砖墙砌女儿墙:

$$18 \times 0.24 + 17 \times 0.02 + 0.5 = 5.16(kN/m^2)$$

考虑开窗,外纵墙扣除窗洞口,窗重量按墙的重量乘以系数 1.1 考虑。

墙体自重标准值见表 5-13。

表 5-13　　　　　　　　　　　　　　　　　**墙体自重标准值**

部位	墙体	每片面积/m²	每片重/kN	片数	每层重/kN
底层	纵墙	[5.5×(5.5−0.6)−4.8×2.7]×1.1=15.4	39.89	10	398.90
		[3.5×(5.5−0.6)×0.4①]×1.1=7.55	19.56	4	78.24
	横墙	6.7×(5.5−0.65)=32.50(250 mm 墙厚)	84.18	4	336.72
		6.7×(5.5−0.65)=32.50(200 mm 墙厚)	67.60	2	135.20
其他层	纵墙	[5.5×(4.2−0.6)−4.8×2.7]×1.1=7.53	19.50	10	195.00
		[3.5×(4.2−0.6)−2.7×3.2]×1.1=4.36	11.30	4	45.20
	横墙	6.7×(4.2−0.65)=23.79(250 mm 墙厚)	61.62	4	246.48
		6.7×(4.2−0.65)=23.79(200 mm 墙厚)	49.48	2	98.96
屋顶	女儿墙	0.9×(38+0.25+14.4+0.25)×2=95.22	491.34	1	491.34

注:①表示门窗洞口的折减系数。

（5）节点集中荷载（以③轴框架为例）

① 框架屋面节点集中恒荷载标准值。

a. Ⓐ、Ⓒ轴处顶层边节点。

纵向框架梁自重:

$$(25×0.25×0.6＋0.5×0.6)×5.5＝22.28(kN)$$

纵向框架梁传来屋面自重：

$$6.95×0.5×6×3＝62.55(kN)$$

0.9 m 高女儿墙自重加抹灰：

$$5.16×0.9×6＝27.86(kN)$$

合计：

$$G_{3A}＝G_{3C}＝112.69 \text{ kN}$$

b. Ⓑ轴顶层中间节点。

纵向框架梁自重：22.28 kN；纵向框架梁传来屋面自重：

$$6.95×2×0.5×6×3＝125.1(kN)$$

合计：

$$G_{3B}＝147.38 \text{ kN}$$

② 一、二层框架楼面节点集中恒荷载标准值。

a. Ⓐ、Ⓒ轴处一、二层边节点。

纵向框架梁自重：22.28 kN；梁上加气混凝土墙加抹灰：17.72 kN。

楼面板传来：

$$4.8×0.5×6×3＝43.2(kN)$$

合计：

$$G_{1A}＝G_{1C}＝G_{2A}＝G_{2C}＝83.2 \text{ kN}$$

b. Ⓑ轴一、二层中间节点。

纵向框架梁自重：22.28 kN；纵向框架传来楼面重：

$$4.8×2×0.5×6×3＝86.4(kN)$$

合计：

$$G_{1B}＝G_{2B}＝108.68 \text{ kN}$$

③ 框架屋面节点集中活荷载标准值。

a. Ⓐ、Ⓒ轴处顶层边节点。

纵向框架梁传来屋面活荷载：

$$Q_{3A}＝Q_{3C}＝0.75×0.5×3×6＝6.75(kN)$$

b. Ⓑ轴顶层中间节点。

纵向框架梁传来屋面活荷载：

$$Q_{3B}＝2×0.75×0.5×3×6＝13.5(kN)$$

④ 框架楼面节点集中活荷载标准值。

a. Ⓐ、Ⓒ轴处中间层边节点。

纵向框架梁传来屋面活荷载：

$$Q_{1A}＝Q_{1C}＝Q_{2A}＝Q_{2C}＝3.5×0.5×3×6＝31.5(kN)$$

b. Ⓑ轴中间层传来楼面活荷载。

纵向框架梁传来屋面活荷载：

$$Q_{2B}＝Q_{1B}＝2×3.5×0.5×3×6＝63(kN)$$

（6）横向框架梁上的分布荷载

① 作用在顶层③轴框架梁上的恒荷载标准值。

梁自重(均布线荷载):$g_3'=4.06$ kN/m,屋面板传来(梯形荷载):
$$g_3''=6.95\times6=41.7(\text{kN/m})$$
② 作用在一、二层③轴框架梁上恒荷载标准值。

梁自重(均布线荷载):
$$g_1'=g_2'=4.06 \text{ kN/m}$$

楼面板传来(梯形荷载):
$$g_1''=g_2''=4.8\times6=28.8(\text{kN/m})$$
③ 作用在顶层③轴框架梁上活荷载(雪荷载)标准值。

屋面板传来(梯形荷载):
$$q_3'=0.75\times6=4.5(\text{kN/m})$$
④ 作用在一、二层③轴框架梁上活荷载标准值。

楼面板传来(梯形荷载):
$$q_1''=q_2''=3.5\times6=21(\text{kN/m})$$

(7) 重力荷载代表值

根据《抗震规范》5.1.3条,顶层重力荷载代表值包括:屋面恒荷载、50%屋面雪荷载,顶层纵、横框架梁自重,顶层半层墙柱自重及女儿墙自重。

其他层重力荷载代表值包括:楼面恒荷载,50%楼面均布活荷载,该层纵、横框架梁自重,该层楼上、下各半层柱及墙体自重。

各层楼面重力荷载代表值如下:
$$G_3=38\times14.4\times(6.95+0.5\times0.75)+491.34+0.5\times(710.64+195.00+45.20+$$
$$246.48+98.96)+(435.20+309.4+78.8)$$
$$=5971.12(\text{kN})$$
$$G_2=38\times14.4\times(4.8+0.5\times3.5)+(435.20+309.4+78.8)+195.00+45.20+$$
$$246.48+98.96+710.64$$
$$=5703.74(\text{kN})$$
$$G_1=38\times14.4\times(4.8+0.5\times3.5)+(435.20+309.4+78.8)+0.5\times(930.72+398.90+$$
$$78.24+135.20+336.72+710.64+195.00+45.20+246.48+98.96)$$
$$=5995.61(\text{kN})$$

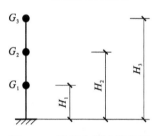

图 5-17 地震作用计算简图

建筑物总重力荷载代表值为:
$$G_E=\sum_{i=1}^{3}G_i$$

地震作用计算简图见图 5-17。

5.5.9 内力及侧移计算

(1) 水平地震作用下框架的侧移计算
① 梁的线刚度。

因本例采用现浇楼盖,在计算框架梁的截面惯性矩时,对边框架梁取 $I=1.5I_0$(I_0为矩形梁的截面惯性矩);对中框架梁取 $I=2.0I_0$,采用 C25 混凝土,$E_c=2.80\times10^4$ N/mm²。
$$I_0=\frac{bh^3}{12}=\frac{0.25\times0.65^3}{12}=5.72\times10^{-3}(\text{m}^4)$$

$$I_b = 2.0I_0 = 2 \times 5.72 \times 10^{-3} = 11.44 \times 10^{-3} (\text{m}^4)$$

梁的线刚度为:

$$K_b = E_c I_b / L = \frac{28.0 \times 10^3 \times 11.4 \times 10^{-3}}{7.2} = 4.43 \times 10^4 (\text{kN} \cdot \text{m})$$

横梁线刚度计算见表 5-14。

表 5-14 横梁线刚度计算表

梁号	截面尺寸 $b \cdot h/$ $\text{m} \times \text{m}$	跨度/m	混凝土标号	惯性矩 I_0/m^4	边框架梁		中框架梁	
					$I_b = 1.5I_0$	$K_b = E_c I_b / L$ $/(\text{kN} \cdot \text{m})$	$I_b = 2I_0$	$K_b = E_c I_b / L$ $/(\text{kN} \cdot \text{m})$
KJL1	0.25×0.65	7.2	C25	5.7×10^{-3}	8.55×10^{-3}	3.33×10^4	11.4×10^{-3}	4.43×10^4
KJL2	0.25×0.6	6.0	C25	4.5×10^{-3}	6.75×10^{-3}	3.15×10^4	9×10^{-3}	4.2×10^4
KJL3	0.25×0.6	4.0	C25	4.5×10^{-3}	6.75×10^{-3}	4.73×10^4	9×10^{-3}	6.3×10^4

② 柱的线刚度。

柱的线刚度计算见表 5-15。

表 5-15 柱的线刚度计算表

柱号	截面尺寸 $b \cdot h/\text{m} \times \text{m}$	柱高/m	惯性矩 $I_c \cdot \dfrac{bh^3}{12}/\text{m}^4$	线刚度 $K_c/(\text{kN} \cdot \text{m})$
Z1	0.5×0.5	5.5	$(0.5 \times 0.5^3)/12 = 5.21 \times 10^{-3}$	2.65×10^4
Z2	0.5×0.5	4.2	$(0.5 \times 0.5^3/12 = 5.21 \times 10^{-3}$	3.47×10^4

③ 横向框架柱侧向刚度。

横向框架计算简图见图 5-18,横向框架柱侧向刚度计算见表 5-16。

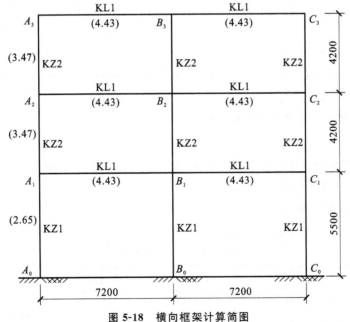

图 5-18 横向框架计算简图

(注:括号内为梁或柱的线刚度值,单位为 $10^4 \text{ kN} \cdot \text{m}$。)

表 5-16   横向框架柱侧向刚度 D 值计算

层次	柱类型	$\overline{K}=\sum K_B \Big/ 2\sum K_C$，一般层 $\overline{K}=\sum K_B \Big/ \sum K_C$，底层	$\alpha=\overline{K}/2+\overline{K}$，一般层 $\alpha=0.5+\overline{K}/2+\overline{K}$，底层	各柱刚度 $D_{im}=\dfrac{\alpha K_C \times 12}{h^2}/(\mathrm{kN \cdot m^{-1}})$	根数
二三层	边框架边柱	$3.33\times2\div(2\times3.47)=0.96$	$0.96\div(2+0.96)=0.324$	$0.324\times12\times3.47\times10^4\div$ $4.2^2=7.648\times10^3$	4
	边框架中柱	$4\times3.33\div(2\times3.47)=1.92$	$1.92\div(2+1.92)=0.490$	11.566×10^3	2
	中框架边柱	$2\times4.43\div(2\times3.47)=1.28$	$1.28\div(2+1.28)=0.390$	9.206×10^3	12
	中框架中柱	$4\times4.43\div(2\times3.47)=2.55$	$2.55\div(2+2.55)=0.56$	13.219×10^3	6
	$\sum D$		243.510×10^3		
底层	边框架边柱	$3.33\div2.65=1.255$	$(0.5+1.255)\div$ $(2+1.255)=0.539$	$0.539\times1.05\times10^4=$ 5.660×10^3	4
	边框架中柱	$3.33\times2\div2.65=2.513$	$(0.5+2.513)\div$ $(2+2.513)=0.668$	7.014×10^3	2
	中框架边柱	$4.43\div2.65=1.672$	$(0.5+1.672)\div$ $(2+1.672)=0.592$	6.216×10^3	12
	中框架中柱	$(2\times4.43)\div2.65=3.343$	$(0.5+3.343)\div$ $(2+3.343)=0.719$	7.550×10^3	6
	$\sum D$		156.560×10^3		

④ 横向框架自振周期。

按顶点位移法计算框架的自振周期：

$$T_1=1.7\alpha_0 \sqrt{\Delta_{\max}}$$

式中 α_0——考虑填充墙影响的周期调整系数，取 0.6～0.7，本工程中横墙较少，取 0.6；

      $\Delta_{\max}$——框架的顶点位移，m；

      T_1——自振周期，s。

横向框架顶点位移的计算见表 5-17。

表 5-17   横向框架顶点位移计算

层次	G_i/kN	$\sum G_i/\mathrm{kN}$	$\sum D/(\mathrm{kN \cdot m^{-1}})$	层间相对位移 $\sum G_i \Big/ \sum D$	Δ_i/m
3	5971.12	5971.12	243.510×10^3	0.024	0.185
2	5703.74	11674.86	243.510×10^3	0.048	0.161
1	5995.61	17670.47	156.560×10^3	0.113	0.113

$$T_1 = 1.7 \times 0.6 \times \sqrt{0.185} = 0.439(\text{s})$$

⑤ 横向地震作用。

由《抗震规范》5.1.4 条查得,在 Ⅱ 类场地,8 度区,结构的特征周期 T_g 和地震影响系数 α_{max} 为:

$$T_g = 0.35 \text{ s}, \quad \alpha_{max} = 0.16, \quad \eta_2 = 1.0$$

因为 $T_1 = 0.439 \text{ s} > T_g$,所以

$$\alpha_1 = (T_g/T_1)^{\gamma} \eta_2 \alpha_{max} = 0.13$$

且 $T_1 = 0.439 \text{ s} < 1.4T_g = 1.4 \times 0.35 = 0.49 \text{ s}$,所以 $\delta_n = 0$。

顶部附加地震作用为:

$$\Delta F_n = \delta_n F_{Ek} = 0$$

$$F_{Ek} = \alpha_1 G_{eq} = 0.13 \times 0.85 \times 17670.47 = 1952.59(\text{kN})$$

各质点的水平地震作用标准值、楼层地震作用、地震剪力及楼层间位移计算过程见表 5-18。

表 5-18 F_i、V_i 和 ΔU_e 的计算

层次	h_i/m	H_i/m	G_i	$G_iH_i/(\text{kN} \cdot \text{m})$	F_i/kN	V_i/kN	$\sum D$	$\Delta U_e/\text{m}$
3	4.2	13.9	5971.12	82998.57	946.07	946.07	243510	0.004
2	4.2	9.7	5703.74	55326.28	630.64	1576.71	243510	0.007
1	5.5	5.5	5995.61	32975.86	375.88	1952.59	156560	0.012
$\sum$	—	—	17670.47	171300.71	1952.59	—	—	—

注:表中,$F_i = \dfrac{G_iH_i}{\sum(G_iH_i)}F_{Ek}(1-\delta_n)$,$\Delta U_e = V_i/\sum D$。

横向框架各层水平地震作用及地震剪力分布见图 5-19。

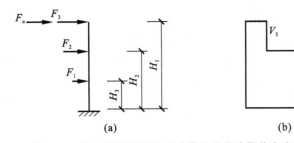

图 5-19 横向框架各层水平地震作用及地震剪力分布图
(a) 水平地震作用分布;(b)地震剪力分布

⑥ 横向框架抗震变形验算。

首层

$$\theta_e = \Delta U_e/h_i \leqslant [\theta_e] = \frac{1}{550}$$

同理,可进行纵向框架变形验算,此处略。

(2) 水平地震作用下横向框架的内力计算

以③轴横向框架为例进行计算。在水平地震作用下,框架柱剪力及弯矩计算采用 D

值法,其计算结果见表 5-19。

表 5-19   **水平地震作用③轴框架剪力及弯矩标准值**

柱号	层次	层高 h/m	层间剪力 V_i/m	层间刚度 $\sum D_i /$ (kN/m)	各柱刚度 $D_{im}/$ (kN/m)	$\dfrac{D_{im}}{\sum D}$	$V_{im}=\dfrac{D_{im}}{\sum D}V_i$ /kN	$K/$ (kN·m)	$y/$ m	$M_{下}/$ (kN·m)	$M_{上}/$ (kN·m)
Ⓐ	3	4.2	946.07	243510	9206	0.038	35.95	1.277	0.36	54.36	96.63
	2	4.2	1576.71	243510	9206	0.038	59.91	1.277	0.45	113.23	138.39
	1	5.5	1952.59	156560	6216	0.040	78.10	1.672	0.55	236.25	193.30
Ⓑ	3	4.2	946.07	243510	13219	0.054	51.09	2.553	0.43	92.27	122.31
	2	4.2	1576.71	243510	13219	0.054	85.14	2.553	0.48	171.64	185.95
	1	5.5	1952.59	156560	7550	0.048	93.72	3.343	0.55	283.50	231.96

注:① $M_{下}$ 为柱下端弯矩,$M_{下}=V_{ik}yh$;

② $M_{上}$ 为柱上端弯矩,$M_{上}=V_{ik}(1-y)h$;

③ V_{ik} 为第 i 层第 k 号柱的剪力;

④ y 为反弯点高度系数,$y=y_0+y_1+y_2+y_3$,y_0、y_1、y_2、y_3 均可查表求得,y 值计算见表 5-20。

表 5-20   **反弯点高度系数 y 值计算**

柱号	层次	$K/$(kN·m)	y_0	α_1	y_1	α_2	y_2	α_3	y_3	y
边柱	3	1.277	0.36	1	0	—	—	1	0	0.36
	2	1.277	0.45	1	0	1	0	1.31	0	0.45
	1	1.672	0.55	—	—	0.764	0	—	—	0.55
中柱	3	2.553	0.43	1	0	—	—	1	0	0.43
	2	2.553	0.48	1	0	1	0	1.31	0	0.48
	1	3.343	0.55	—	—	0.764	0	—	—	0.55

柱上、下端弯矩求得后,利用节点平衡求在水平地震作用下的梁端弯矩,利用平衡条件可求梁端剪力及柱轴力,计算见表 5-21。框架在左震时弯矩见图 5-20,右震时框架的弯矩图与左震时对称。

表 5-21   **地震力作用下框架梁端弯矩、剪力及柱轴力**

层次	AB 跨				BC 跨				柱轴力		
	$L/$ m	$M_{左}/$ (kN·m)	$M_{右}/$ (kN·m)	$V_b/$ kN	$L/$ m	$M_{左}/$ (kN·m)	$M_{右}/$ (kN·m)	$V_b/$ kN	$N_A/$ kN	$N_B/$ kN	$N_C/$ kN
3	7.2	96.63	61.16	−21.92	7.2	61.16	96.63	−21.92	−21.92	0	21.92
2	7.2	192.75	139.11	−46.09	7.2	139.11	192.75	−46.09	−68.01	0	68.01
1	7.2	306.53	201.80	−70.60	7.2	201.80	306.53	−70.60	−138.61	0	138.61

注:轴力拉为"−",压为"+"。

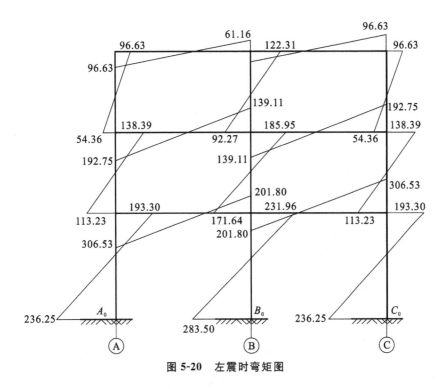

图 5-20 左震时弯矩图

（3）恒荷载作用下的内力计算

恒荷载作用下的内力计算采用弯矩二次分配法，由于框架梁上的分布荷载由矩形和梯形两部分组成，根据固端弯矩相等的原则，先将梯形荷载化为等效均匀荷载，等效均匀荷载的计算公式见《静力学计算手册》。计算简图见图 5-21。

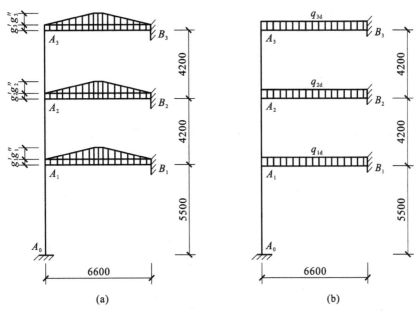

（a）   （b）

图 5-21 恒荷载作用下的计算简图

（a）恒荷载作用下的计算简图（实际）；（b）恒荷载作用下的计算简图（等效均布）

① 框架梁上梯形荷载转化为等效均布荷载。

$$q_{id}=(1-2\alpha^2+\alpha^3)q;\quad \alpha=a/l=3/7.2=0.417$$

三层：

$$q_{3d}=g_3+(1-2\alpha^3+\alpha^3)g_3''=4.06+(1-2\times0.417^2+0.417^3)\times41.7$$
$$=34.29(kN/m)$$

二层：

$$q_{2d}=g_2+(1-2\alpha^2+\alpha^3)g_2''=4.06+(1-2\times0.417^2+0.417^3)\times28.8$$
$$=24.94(kN/m)$$

一层：

$$q_{1d}=g_1+(1-2\alpha^2+\alpha^3)g_1''=24.94(kN/m)$$

② 恒荷载作用下的杆端弯矩。

本工程框架结构对称、荷载对称，故可利用对称性进行计算。

a. 固定端弯矩计算：

$$M_{B_3A_3}^F=-M_{A_3B_3}^F=-q_{3d}l^2\div12=-34.29\times7.2^2\div12=-148.13(kN\cdot m)$$
$$M_{B_2A_2}^F=-M_{A_2B_2}^F=-q_{2d}l^2/12=-24.94\times7.2^2\div12=-107.74(kN\cdot m)$$
$$M_{B_1A_1}^F=-M_{A_1B_1}^F=M_{A_2B_2}^F=-107.74(kN\cdot m)$$

b. 分配系数，见表 5-22。

表 5-22 分配系数 μ

节点	A_3		A_2			A_1		
杆件	A_3A_2	A_3B_3	A_2A_3	A_2B_2	A_2A_1	A_1A_2	A_1B_1	A_1B_0
$S_i=4i$	4×0.783 $=3.132$	4×1 $=4$	4×0.783 $=3.132$	4×1 $=4$	4×0.783 $=3.132$	4×0.783 $=3.132$	4×1 $=4$	4×0.598 $=2.392$
$\sum S_i$	7.132		10.264			9.524		
$\mu=S_i/\sum S_i$	0.439	0.561	0.305	0.390	0.305	0.329	0.420	0.251

c. 杆端弯矩计算过程见图 5-22。

d. 恒荷载作用下的框架弯矩图。欲求梁跨中弯矩，则需根据求得的支座弯矩和各跨的实际荷载分布按平衡条件计算，而不能按等效分布荷载计算简支梁；均布荷载作用下跨中弯矩为：

$$ql^2/8=4.06\times7.2^2\div8=26.31(kN\cdot m)$$

梯形荷载下跨中弯矩：

$$\frac{ql^2}{24}\cdot(3-4\alpha^2)=41.7\times7.2^2\times(3-4\times0.417^2)\div24=207.57(kN\cdot m)$$

合计跨中弯矩：

$$207.57+26.31=233.88(kN\cdot m)$$

三层：

$$M_{AB}=-74.34\times0.8=-59.47(kN\cdot m)$$

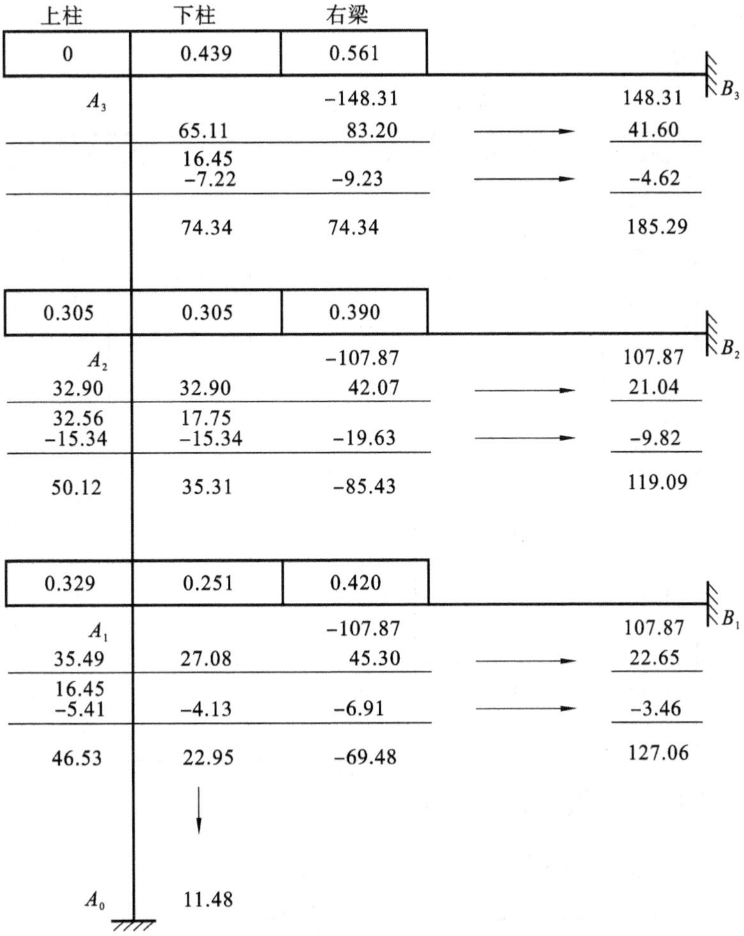

上柱	下柱	右梁
0	0.439	0.561

		−148.31	148.31 B_3
A_3	65.11	83.20	→ 41.60
	16.45		
	−7.22	−9.23	→ −4.62
	74.34	74.34	185.29

0.305	0.305	0.390

		−107.87	107.87 B_2
A_2 32.90	32.90	42.07	→ 21.04
32.56	17.75		
−15.34	−15.34	−19.63	→ −9.82
50.12	35.31	−85.43	119.09

0.329	0.251	0.420

		−107.87	107.87 B_1
A_1 35.49	27.08	45.30	→ 22.65
16.45			
−5.41	−4.13	−6.91	→ −3.46
46.53	22.95	−69.48	127.06

| A_0 | 11.48 |

图 5-22 恒荷载作用下杆端弯矩计算

$$M_{BA}=185.29\times0.8=148.23(\text{kN}\cdot\text{m})$$

跨中弯矩：

$$233.88-(59.47+148.23)\div2=233.88-103.85=130.03(\text{kN}\cdot\text{m})$$

同理，二层跨中弯矩为 87.86 kN·m，一层跨中弯矩为 91.05 kN·m。

③ 梁端剪力计算。

恒荷载作用下梁端剪力计算过程见表 5-23。

表 5-23　　　　　　　　　　　**恒荷载作用下梁端剪力计算**

层次	q_d/(kN·m)	l/m	$\dfrac{q_d l}{2}$/kN	$\sum(M/l)$/kN	总剪力/kN	
					$V_A=\dfrac{q_d l}{2}-\sum(M/l)$	$V_B=\dfrac{q_d l}{2}+\sum(M/l)$
3	34.29	7.2	123.44	12.33	111.11	135.77
2	24.94	7.2	89.78	3.74	86.05	93.53
1	24.94	7.2	89.78	6.40	83.38	96.18

④ 柱轴力计算。

柱轴力计算见表 5-24。

表 5-24　　　　　　　　　　　恒荷载作用下柱轴力计算

柱号	层次	截面	横梁剪力/kN	纵梁传来/kN	柱自重/kN	ΔN/kN	柱轴力 N/kN
A、C	3	柱顶	111.11	112.69	29.61	223.80	223.80
		柱底				29.61	253.41
	2	柱顶	86.05	94.98	29.61	181.03	434.44
		柱底				29.61	464.05
	1	柱顶	83.38	94.98	38.78	178.36	642.41
		柱底				38.78	681.19
B	3	柱顶	135.77×2 =271.54	147.38	29.61	418.92	418.92
		柱底				29.61	448.53
	2	柱顶	93.53×2 =187.06	108.68	29.61	295.74	744.27
		柱底				29.61	773.88
	1	柱顶	96.18×2 =192.36	108.68	38.78	301.04	1074.92
		柱底				38.78	1113.70

恒荷载作用下③轴框架的内力见图 5-23。

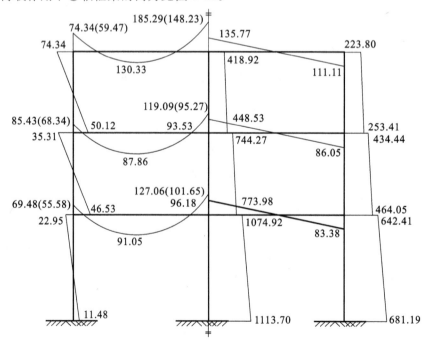

图 5-23　恒荷载作用下框架的弯矩、剪力、轴力图

(注:括号内梁端弯矩为调幅后的数值,调幅系数为 0.8。)

（4）活荷载作用下的内力计算

① 活荷载作用下的弯矩计算。

因本工程为商业批发楼，活荷载分布比较均匀，所以活荷载不利分布采用满布法，内力计算可采用弯矩二次分配法，但对梁跨中弯矩乘 1.1～1.2 的增大系数。

a. 将框架梁上梯形荷载转化为等效均布活荷载。

三层：

$$q_{3d} = (1 - 2\alpha^2 + \alpha^3)q_3 = (1 - 2 \times 0.417^2 + 0.417^3) \times 4.5 = 3.26(\text{kN/m})$$

一、二层：

$$q_{2d} = q_{1d} = (1 - 2\alpha^2 + \alpha^3)q_1 = (1 - 2 \times 0.417^2 + 0.417^3) \times 21 = 15.23(\text{kN/m})$$

b. 固端弯矩计算。

三层：
$$M^F = \frac{q_{3d}l^2}{12} = -\frac{1}{12} \times 3.26 \times 7.2^2 = -14.08(\text{kN} \cdot \text{m})$$

一、二层：
$$M^F = \frac{q_{1d}l^2}{12} = -\frac{1}{12} \times 15.23 \times 7.2^2 = -65.79(\text{kN} \cdot \text{m})$$

c. 杆端弯矩计算。

杆端弯矩计算过程见图 5-24。

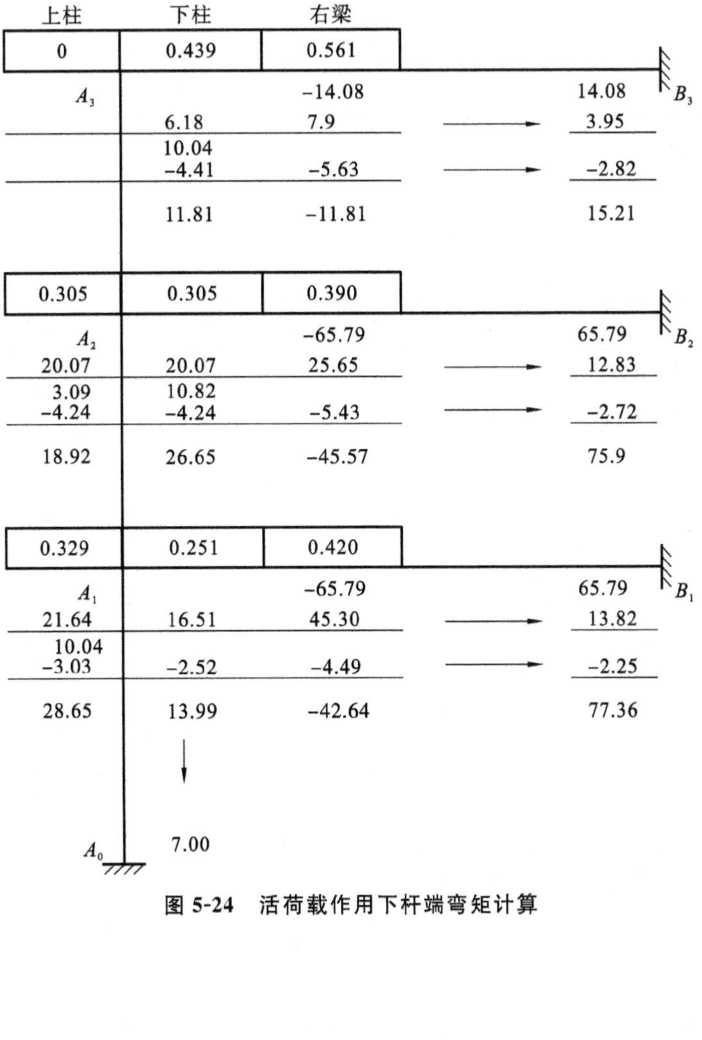

图 5-24 活荷载作用下杆端弯矩计算

d. 活荷载作用下的框架梁跨中弯矩计算。

$$M_{3跨中}=1.2\times\left[-0.8\times(11.81+15.21)\div2+\frac{1}{24}\times4.5\times7.2^2\times(3-4\times0.417^2)\right]$$
$$=13.91(\text{kN}\cdot\text{m})$$

$$M_{2跨中}=1.2\times\left[-0.8\times(45.57+75.9)\div2+\frac{1}{24}\times21\times7.2^2\times(3-4\times0.417^2)\right]$$
$$=67.13(\text{kN}\cdot\text{m})$$

$$M_{1跨中}=1.2\times\left[-0.8\times(42.64+77.36)\div2+\frac{1}{24}\times21\times7.2^2\times(3-4\times0.417^2)\right]$$
$$=67.84(\text{kN}\cdot\text{m})$$

注意：以上式中 0.8 为弯矩调幅系数。

② 活荷载作用下的梁端剪力计算过程见表 5-25。

表 5-25　　　　　　　　　　活荷载作用下的梁端剪力计算过程

层次	$q_d/(\text{kN}\cdot\text{m})$	l/m	$\dfrac{q_d l}{2}/\text{kN}$	$\sum(M/l)/\text{kN}$	总剪力/kN	
					$V_A=\dfrac{q_d l}{2}-\sum(M/l)$	$V_B=\dfrac{q_d l}{2}+\sum(M/l)$
3	3.26	7.2	11.74	0.47/0.376	11.36	12.21
2	15.23	7.2	54.83	4.21/3.37	51.46	59.04
1	15.23	7.2	54.83	4.82/3.86	50.97	59.65

注：表内剪力按调幅前、后的大者取用。

③ 活荷载作用下柱轴力计算。

活荷载作用下 A 柱轴力计算见表 5-26。

表 5-26　　　　　　　　　　活荷载作用下 A 柱轴力计算

柱号	层次	截面	横梁剪力/kN	纵梁传来/kN	柱自重/kN	$\Delta N/\text{kN}$	柱轴力/kN
A、C	3	柱顶	11.36	6.75	0	18.11	18.11
		柱底				0	18.11
	2	柱顶	51.46	31.5	0	82.96	101.07
		柱底				0	101.07
	1	柱顶	50.97	31.5	0	82.47	183.54
		柱底				0	183.54
B	3	柱顶	12.21×2 =24.42	13.5	0	37.92	37.92
		柱底				0	37.92
	2	柱顶	59.04×2 =118.08	63	0	181.08	219.00
		柱底				0	219.00
	1	柱顶	59.65×2 =119.30	63	0	182.30	401.30
		柱底				0	401.30

活荷载作用下框架的内力图见图 5-25。

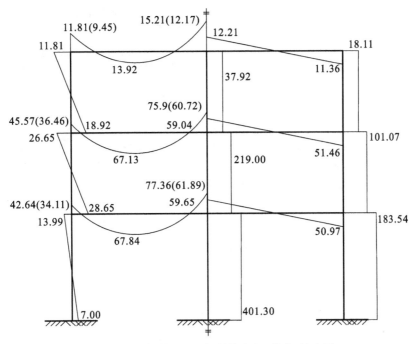

图 5-25 活荷载作用下框架的弯矩、剪力、轴力图

5.5.10 内力组合及调整

（1）框架梁的内力组合

在恒荷载和活荷载作用下，跨间 M_{max} 可近似用跨中的 M 代替：

$$M_{max} = (ql^2/16) - (M_左 + M_右)/2$$

式中 $M_左$，$M_右$——梁左、右端弯矩，kN·m。

跨中 M 若小于 $ql^2/16$，应取 $M = ql^2/16$。

在竖向荷载与地震力组合时，跨间最大弯矩 M_{GE} 采用数解法计算，如图 5-26 所示。

在图 5-26 中，M_{GA}、M_{GB} 为重力荷载下的梁端弯矩，kN·m；M_{EA}、M_{EB} 为水平地震作用下的梁端弯矩，kN·m；R_A、R_B 为竖向荷载与地震荷载共同作用下的梁端反力，kN。

对 R_B 作用点取矩：

$$R_A = \frac{qL}{2} - \frac{M_{GB} - M_{GA} + M_{EA} + M_{EB}}{L}$$

x 处的截面弯矩为：

$$M = R_A x - \frac{qx^2}{2} - M_{GA} + M_{EA}$$

由 $dM/dx = 0$ 可求得跨间 M_{max} 的位置为：

$$x_1 = R_A/q$$

将 x_1 代入任意一截面 x 处的弯矩表达式，可求得跨间最大弯矩为：

$$M_{max} = M_{GE} = R_A^2/2q - M_{GA} + M_{EA} = qx^2/2 - M_{GA} + M_{EA}$$

当右震时，式中 M_{EA}、M_{EB} 反号。

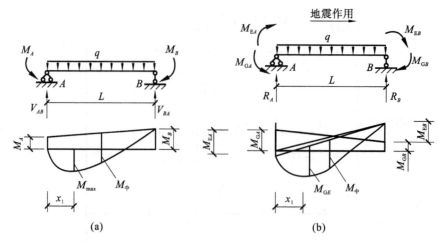

图 5-26　跨间最大弯矩

(a) 竖向荷载组合；(b) 竖向荷载与地震荷载组合

M_{GE} 及 x_1 的具体数值见表 5-27。

表 5-27　　　　　　　　　　　　　M_{GE} 及 x_1 值的计算

层次	1.2×(恒荷载+0.5 活荷载)/(kN·m)		1.3×地震/(kN·m)		q/(kN/m)	l/m	R_A/kN		x_i/m		M_{GE}/(kN·m)	
	M_{GA}	M_{GB}	M_{EA}	M_{EB}			左震	右震	左震	右震	左震	右震
3	77.03	185.18	125.62	79.51	43.10	7.2	111.65	168.63	2.590	3.913	193.15	127.31
2	103.88	150.76	250.58	180.84	39.07	7.2	74.22	194.06	1.900	4.967	217.22	127.49
1	87.16	159.12	398.49	262.34	39.07	7.2	38.87	222.44	0.995	5.693	330.67	147.48

注：① 当 $x_1>1$ 或 $x_1<0$ 时，表示最大弯矩发生在支座处，应取 $x_1=1$ 或 $x_1=0$，用 $M=R_A x-qx^2/2-M_{GA}\pm M_{EA}$ 计算 M_{GE}；

② 表中恒荷载、活荷载的组合，梁端弯矩取调幅后的数值；

③ 表中 q 值按 1.2×(恒荷载+0.5 活荷载)计算。

框架梁内力组合见表 5-28。

表 5-28　　　　　　　　　　　　**框架梁内力组合**

层次	位置	内力	荷载类别			竖向荷载组合	竖向荷载与地震荷载组合	
			恒荷载①	活荷载②	地震③	1.2×①+1.4×②	1.2×(①+0.5×②)±1.3×③	
3	A_3 右	M/(kN·m)	−59.47	−9.45	±96.63	−84.59	48.59	−202.65
		V/kN	111.11	11.36	∓21.92	149.24	111.65	145.29
	B_3 左	M/(kN·m)	−148.23	−12.17	±61.16	−194.91	−88.75	−209.6
		V/kN	−135.77	−12.21	∓21.92	−179.96	−198.75	−141.75
	跨中	M_{AB}/(kN·m)	130.33	13.91	—	175.87	193.15	127.31

层次	位置	内力	荷载类别			竖向荷载组合	竖向荷载与地震荷载组合	
			恒荷载①	活荷载②	地震③	1.2×①+1.4×②	1.2×(①+0.5×②)±1.3×③	
2	A₂右	M/(kN·m)	−68.34	−36.46	±192.75	−133.05	146.70	−354.46
		V/kN	86.05	51.46	∓46.09	175.30	74.22	194.05
	B₂左	M/(kN·m)	−95.27	−60.72	±139.11	−199.33	30.09	−331.60
		V/kN	−93.53	−59.04	∓46.09	194.89	−207.58	−87.74
	跨中	M_{AB}/(kN·m)	87.86	67.13	—	199.41	217.22	127.49
1	A₁右	M/(kN·m)	−55.58	−34.11	±306.53	−114.45	311.33	−485.65
		V/kN	83.38	50.97	∓70.60	171.41	38.86	222.42
	B₁左	M/(kN·m)	−101.65	−61.89	±201.80	−208.63	103.23	−421.45
		V/kN	−96.18	−59.65	∓70.60	198.93	242.99	59.43
	跨中	M_{AB}/(kN·m)	91.05	67.84	—	204.24	330.67	147.48

注:梁弯矩下部受拉为正,上部受拉为负。

(2) 框架柱内力组合

框架柱取每层柱顶和柱底两个控制截面,A柱内力组合见表5-29,B柱内力组合见表5-30。

表 5-29   **A 柱内力组合**

层次	位置	内力	荷载类别			竖向荷载组合	竖向荷载与地震荷载组合	
			恒荷载①	活荷载②	地震③	1.2×①+1.4×②	1.2×(①+0.5×②)±1.3×③	
3	柱顶	M/(kN·m)	−74.34	−11.81	±96.63	−105.74	29.33	−221.91
		V/kN	223.80	18.11	∓21.92	293.91	250.93	307.92
	柱底	M/(kN·m)	50.12	18.92	∓54.36	86.63	0.83	142.16
		V/kN	253.41	18.11	∓21.92	329.45	286.46	343.45
2	柱顶	M	−35.31	−26.65	±138.39	−79.68	121.55	−238.27
		V/kN	434.44	101.07	∓68.01	662.83	493.56	670.38
	柱底	M/(kN·m)	46.53	28.65	∓113.23	95.95	−74.17	220.23
		V/kN	464.05	101.07	∓68.01	698.36	529.09	705.92
1	柱顶	M/(kN·m)	−22.95	−13.99	±193.30	−47.13	215.36	−287.22
		V/kN	642.41	183.54	∓138.61	1027.85	553.99	914.37
	柱底	M/(kN·m)	11.48	7.00	∓236.25	23.58	−289.15	325.10
		V/kN	681.19	183.54	∓138.61	1074.38	747.36	1107.75

注:弯矩以右侧受拉为正,剪力以绕杆端顺时针方向为正,轴力以受压为正。

表 5-30   **B 柱内力组合**

层次	位置	内力	荷载类别			竖向荷载组合	竖向荷载与地震荷载组合	
			恒荷载①	活荷载②	地震③	1.2×① +1.4×②	1.2×(① +0.5×②)±1.3×③	
3	柱顶	$M/(kN \cdot m)$	0	0	±122.31	0	159.00	−159.00
		V/kN	418.92	37.92	0	555.79	525.46	525.46
	柱顶	$M/(kN \cdot m)$	0	0	∓92.27	0	−119.95	119.95
		V/kN	448.53	37.92	0	591.32	560.99	560.99
2	柱顶	$M/(kN \cdot m)$	0	0	±185.95	0	241.74	−241.74
		V/kN	744.27	219.00	0	1199.72	1024.52	1024.52
	柱底	$M/(kN \cdot m)$	0	0	∓171.64	0	−223.13	223.13
		V/kN	773.98	219.00	0	1235.38	1060.18	1060.18
1	柱顶	$M/(kN \cdot m)$	0	0	±231.96	0	301.55	−301.55
		V/kN	1074.92	401.30	0	1851.72	1530.68	1530.68
	柱底	$M/(kN \cdot m)$	0	0	∓283.50	0	−368.55	368.55
		V/kN	1113.70	401.30	0	1898.26	1577.22	1577.22

注:弯矩以右侧受拉为正,剪力以绕杆端顺时针方向为正,轴力以受压为正。

（3）内力调整

① 强柱弱梁要求。

根据《抗震规范》6.2.2 条,梁、柱节点处的柱端弯矩设计值应符合下式要求:

$$\sum M_c = \eta_c \sum M_b$$

式中 $\sum M_c$——节点上、下柱端截面顺时针或逆时针方向组合的弯矩设计值之和,上、下柱端的弯矩设计值可按弹性分析分配;

       $\sum M_b$——节点左、右梁端截面顺时针或逆时针方向组合的弯矩设计值之和;

       η_c——柱端弯矩增大系数,一级取 1.4,二级取 1.2,三级取 1.1。

具体计算过程见表 5-31。

表 5-31   **梁、柱节点处柱端弯矩调整计算表**

节点	组合	$M_{cu}/$ $(kN \cdot m)$	$M_{cd}/$ $(kN \cdot m)$	$\sum M_c /$ $(kN \cdot m)$	$M_b^l/$ $(kN \cdot m)$	$M_b^r/$ $(kN \cdot m)$	$\eta_c \sum M_b /$ $(kN \cdot m)$	$M_{cu}'/$ $(kN \cdot m)$	$M_{cd}'/$ $(kN \cdot m)$
A	G+E	−74.17	−215.36	−289.53	0	311.33	373.60	95.71	277.89
	G−E	220.23	287.22	507.45	0	−485.65	−582.78	−252.92	−329.86
B	G+E	−223.13	−301.55	−524.68	−103.23	−103.23	−247.75	−105.36	−142.39
	G−E	223.13	301.55	524.68	421.45	421.45	1011.48	430.15	581.33

注:① 表中 $M_{cu}' = \dfrac{M_{cu}}{\sum M_c} \eta_c \sum M_b$，$M_{cd}' = \dfrac{M_{cd}}{\sum M_c} \eta_c \sum M_b$，$M$ 使杆端顺时针转动为正;

   ② G 为重力荷载作用,E 为地震作用。

② 强剪弱弯的要求。

为保证梁柱的延性,梁端及柱端的抗剪能力应大于抗弯能力。

a.《抗震规范》6.2.4 条规定:二级框架梁端界面组合的剪力设计值应按下式调整:

$$V=\frac{\eta_{vb}(M_b^l+M_b^r)}{l_n}+V_{Gb}$$

式中　V_{Gb}——梁在重力荷载代表值作用下,按简支梁分析的梁端截面剪力设计值,kN;

M_b^l,M_b^r——梁左、右端逆时针或顺时针方向组合的弯矩设计值,kN·m;

η_{vb}——梁端剪力增大系数,二级取 1.2。

具体计算过程见表 5-32。

表 5-32　　　　　　　　　**梁端剪力设计值调整计算表**

杆件	组合	V_{Gb}/kN	l_n/m	$M_b^l/$ (kN·m)	$M_b^l/$ (kN·m)	$\eta_{vb}(M_b^l+M_b^r)/l_n$		V/kN	
						左	右	左	右
A_1B_1	G+E	130.87	6.7	311.33	421.45	−131.24	131.24	−0.37	262.11
	G−E	130.87	6.7	−485.65	−103.23	105.47	−105.47	236.34	25.40

注:① $V_{Gb}=1.2\times$(恒荷载$+0.5$活荷载)$l_n/2$,M 使杆端顺时针转动为正;

② G 为重力荷载作用,E 为地震作用。

b.《抗震规范》6.2.5 条规定二级框架柱的剪力设计值应按下式调整:

$$V=\eta_{vc}(M_c^b+M_c^t)/H_n$$

式中　M_c^b,M_c^t——柱的上、下端顺时针或逆时针方向组合的弯矩设计值;

η_{vc}——柱剪力增大系数,二级取 1.2;

H_n——柱净高。

具体计算过程见表 5-33。

表 5-33　　　　　　　　　**柱端剪力设计值调整计算表**

杆件	组合	H_n/m	$M_c^t/$ (kN·m)	$M_c^b/$ (kN·m)	$V=\eta_{vc}(M_c^b+M_c^t)/H_n$ /kN	
					上	下
A_1A_0	G+E	4.85	−215.36	−289.15	−124.83	−124.83
	G−E	4.85	287.22	325.10	151.50	151.50
B_1B_0	G+E	4.85	−301.55	−368.55	−165.80	−165.80
	G−E	4.85	301.55	368.55	165.80	165.80

注:① M 使杆端顺时针转动为正,V 使杆端顺时针转动为正;

② G 为重力荷载作用,E 为地震作用。

c. 底层柱柱底弯矩的调整,根据《抗震规范》6.2.3 条,二级框架结构的底层,柱下端截面组合的弯矩设计值应乘增大系数 1.25,底层柱纵向钢筋宜按上、下端的不利情况配置。

　　A 柱

　　G+E： $\qquad N=747.36×1.25=934.20(\text{kN})$

　　G−E： $\qquad N=1107.75×1.25=1384.69(\text{kN})$

　　B 柱

　　G+E： $\qquad N=1577.22×1.25=1971.53(\text{kN})$

　　G−E： $\qquad N=1577.22×1.25=1971.53(\text{kN})$

5.5.11　截面设计

根据《抗震规范》6.2.1 条，截面设计应满足 $S≤R/γ_{\text{RE}}$。

（1）梁的正截面承载力计算及斜截面承载力计算

梁在跨中截面正弯矩、支座正弯矩作用下按 T 形截面计算，梁在支座负弯矩作用下按矩形截面计算。

①梁翼缘宽度取下列三项中的最小值：

$$b_{\text{f}}'=l/3=7200/3=2400(\text{mm})$$

$$b_{\text{f}}'=b+S_{\text{n}}=7200(\text{mm})$$

$$h_{\text{f}}'/h_0=150/590=0.25>0.1$$

取 $b_{\text{f}}'=2400$ mm。

②梁的有效高度 h_0 的计算。

跨中正弯矩：

$$h_0=650-60=590(\text{mm})（一、二层）$$

$$h_0=650-35=615(\text{mm})（三层）$$

跨中正弯矩：

$$h_0=650-35=615(\text{mm})$$

支座负弯矩：

$$h_0=650-70=580(\text{mm})（一、二层）$$

$$h_0=650-50=600(\text{mm})（三层）$$

③梁采用 C25 混凝土：$f_{\text{t}}=1.27$ N/mm², $f_{\text{c}}=11.9$ N/mm²；纵向钢筋为 HRB335：$f_{\text{y}}=300$ N/mm²；箍筋为 HPB300：$f_{\text{y}}=270$ N/mm²。

④判别 T 形截面类型。

跨中：

$$M_{\text{f}}=\alpha_1 f_{\text{c}} b_{\text{f}}' h_{\text{f}}'(h_0-h_{\text{f}}'/2)=11.9×2400×150×(590-150/2)$$
$$=2206(\text{kN}\cdot\text{m})>M_{\text{max}}=330.67\ \text{kN}\cdot\text{m}$$

故属于第一类 T 形截面。

支座：

$$M_{\text{f}}=\alpha_1 f_{\text{c}} b_{\text{f}}' h_{\text{f}}'(h_0-h_{\text{f}}'/2)=11.9×2400×150×(580-150/2)$$
$$=2163(\text{kN}\cdot\text{m})>M_{\text{max}}=485.65\ \text{kN}\cdot\text{m}$$

故属于第一类 T 形截面。

a. 梁正截面配筋计算。

仅取底层梁举例进行正截面承载力计算,计算过程见表 5-34。

b. 框架梁斜截面承载力计算。

根据《混凝土设计规范》知:

(a) 受剪承载力抗震调整系数 $\gamma_{RE}=0.85$;

(b) 受剪承载力设计值:

$$V_b \leqslant (0.42 f_t bh_0 + 1.25 f_{yv} A_{sv} h_0 / s) \gamma_{RE}$$

(c) 梁截面组合的剪力设计值应满足:

$$V_b \leqslant (0.2 \beta_c f_c bh_0) \gamma_{RE}$$

仅取底层梁举例进行斜截面承载力计算,计算过程见表 5-35。

表 5-34　　　　　　　　　　　　第一层框架梁正截面承载力计算

截面	支座 A		跨中	支座 B	
	$+M$	$-M$	$+M$	$+M$	$-M$
$M/(kN \cdot m)$	311.33	−485.65	330.67	103.23	−421.45
$b \cdot h_0/mm \times mm$	250×590	250×580	250×590	250×590	250×580
$M_0 = (M - b/2 \cdot V_0)/(kN \cdot m)$	306.47	−457.85	330.67	72.86	−414.02
$\gamma_{RE} \cdot M_0/(kN \cdot m)$	229.85	−343.39	248	54.65	−301.52
$M_{f1}/(kN \cdot m)$	2163		2206	2163	
截面类型	第一类 T 形	矩形	第一类 T 形	第一类 T 形	矩形
$\alpha_s = \gamma_{RE} M_0/(\alpha_1 f_c bh_0^2)$		0.343			0.301
$\alpha_s = \gamma_{RE} M_0/(\alpha_1 f_c b'h_0^2)$	0.0231		0.0249	0.0055	
$\gamma_s = 0.5 \times (1 + \sqrt{1-2\alpha_s})$	0.988	0.78	0.987	0.997	0.815
$\xi = 1 - \sqrt{1-2\alpha_s}$	0.023	0.440	0.025	0.0055	0.369
$A_s = \gamma_{RE} M_0/(f_y \gamma_s h_0)/mm^2$	1282	2530	1420	310	2126
选筋	4 Φ 20	7 Φ 22	5 Φ 20	2 Φ 20	6 Φ 22
实配面积/mm²	1256	2660	1570	628	2280
$\rho = A_s/(bh_0)$	0.8%	1.83%	1.06%	0.4%	

表 5-35　　　　　　　　　　　　第一层框架梁斜截面承载力计算

截面	支座 A 右	支座 B 左
调整后剪力 V/kN	236.34	262.11
γ_{RE}/kN	200.89	222.79
$b \cdot h_0/mm \times mm$	250×580	250×580
$0.2\beta_c f_c bh_0/kN$	345.1 > $\gamma_{RE}V$	345.1 > $\gamma_{RE}V$
箍筋直径/mm,肢数 n	$\phi 10, n=2$	$\phi 10, n=2$
A_{sv1}/mm^2	78.5	78.5

截面	支座 A 右	支座 B 左
箍筋间距 s/mm	200(100)	200(100)
$V_{cs} \leqslant (0.42 f_t b h_0 + f_{yv} A_{sv} h_0/s)/\text{kN}$	$323.21 > \gamma_{RE} V$	$323.21 > \gamma_{RE} V$
$\rho_{svmin} = 0.28 f_t/f_{yv}$	0.132%	0.132%
$\rho_{sv} = n A_{sv1}$	0.3%	0.3%

注:① 括号内数值为梁端加密区范围内箍筋间距;

② $\beta_c = 1.0$。

（2）柱的截面设计

以第一层 A、B 柱为例进行截面设计。混凝土等级为 C30，$f_c = 14.3 \text{ N/mm}^2$，$f_t = 1.43 \text{ N/mm}^2$。纵向钢筋为 HRB335，$f_y = 300 \text{ N/mm}^2$；箍筋为 HPB300，$f_y = 270 \text{ N/mm}^2$。

① 轴压比验算。

柱轴压比验算见表 5-36。

表 5-36　　　　　　　　　柱轴压比验算

层次	柱别	柱底轴力 N/kN	截面 A	$f_c A$	$\mu = N/f_c A$	备注
1	A	1384.69	500×500	3575	0.39<0.8	满足
	B	1971.53	500×500	3575	0.55<0.8	满足

② 正截面承载力计算。

采用对称配筋，底层柱正截面承载力计算过程见表 5-37。

表 5-37　　　　　　　　底层柱正截面承载力计算

杆件		柱 $A_0 A_1$		柱 $B_0 B_1$	
内力项		G+E	G−E	G+E	G−E
内力值	$\gamma_{RE} M/(\text{kN} \cdot \text{m})$	$0.8 \times 289.15 = 232$	$0.8 \times 325.1 = 260$	$0.8 \times 361.6 = 289.3$	
	$\gamma_{RE} N/\text{kN}$	$0.8 \times 934.2 = 747.36$	$0.8 \times 1384.69 = 1107.75$	$0.8 \times 1971.53 = 1577.22$	
$e_0 = \dfrac{M}{N}/\text{mm}$		310	235	184	
$e_a = \max(20, h/30)/\text{mm}$		20			
$e_i = (e_0 + e_1)/\text{mm}$		330	255	204	
$\xi_1 = 0.5 f_c A/N$		2.39>1	1.61>1	1.13>1	
$l_0 = 1.0 H/\text{mm}$		5500			
l_0/h		11<15			
$\eta = 1 + \dfrac{1}{1400 \dfrac{e_i}{h_0}} \left(\dfrac{l_0}{h}\right)^2 \xi_1 \xi_2$		1.12	1.16	1.19	
$e = (\eta e_i + 0.5 h_0 - a_s)/\text{mm}$		580	506	453	

杆件	柱 A_0A_1		柱 B_0B_1	
$x=N/(\alpha_1 f_c b)/\mathrm{mm}$	$105<0.55\times460=253$	$155<253$	$221<253$	
判别大小偏心	大	大	大	大
大偏压 $A_s=A_s'$	1199		1507	
$\rho_{\min}bh/\mathrm{mm}^2$	$0.008\times5002=2000<2398$（全部）		$2000<3014$（全部）	
选用配筋/mm^2	每侧 $4\phi20$，$A_s=2\times1256=2512$		每侧 $4\phi20$ $A_s=2\times1520=3040$	

注：$\xi_1=1.0$，$\xi_2=1.0$，$\alpha_1=1.0$。

③ 柱斜截面承载力计算。仅取底层柱举例计算，计算过程见表 5-38。

表 5-38　　　　　　　　　底层框架柱斜截面受剪承载力计算

杆件		底层柱 A_0A_1		底层柱 B_0B_1	
截面		柱顶面	柱底面	柱顶面	柱底面
内力值	$\gamma_{RE}M/(\mathrm{kN\cdot m})$	0.85×288 $=245$	0.85×326 $=278$	0.85×302 $=257$	0.85×369 $=314$
	$\gamma_{RE}V/\mathrm{kN}$	0.85×152 $=130$	0.85×152 $=130$	0.85×166 $=142$	$0.85\mathrm{x}166$ $=142$
	$\gamma_{RE}N/\mathrm{kN}$	0.85×915 $=778$	0.85×1108 $=942$	0.85×1531 $=1302$	0.85×1578 $=1342$
$\lambda=M/Vh_0$		$4.10>3$	$4.65>3$	$3.93>3$	$4.81>3$
$\gamma_{RE}V\leqslant0.2\beta_c f_c bh_0/\mathrm{kN}$		$130<657.8$		$142<657.8$	
$N\leqslant0.3f_c A/\mathrm{kN}$		$778<1072.5$	$942<1072.5$	$1342>1072.5$ 取 $N=1072.5$	
$\dfrac{1.05}{1+\lambda}f_c bh_0$（取 $\lambda=3$）		86.33		86.33	
$\left(\gamma_{RE}V-\dfrac{1.05}{1+\lambda}f_c bh_0-0.056N\right)/\mathrm{kN}$		0.102		0	
选用箍筋/mm^2		$\phi8$，$A_{sv}=4\times50.3=201.2$			
$s=\dfrac{f_{yv}A_{sv}h_0}{\gamma_{RE}V-\dfrac{1.05}{1+\lambda}f_t bh_0-0.056N}$		按构造，200			
λ_v		0.1	0.1	0.13	0.13
$\rho_v=(\lambda_v f_c/f_{yv})/\%$		0.53	0.53	0.69	0.69
加密区间距 S/mm		100	100	100	100
加密区 $\rho_v=\sum A_{si}l_i/A_{cor}S$		$0.87>0.53$		$0.87>0.69$	

注：柱中采用四肢箍。

5.5.12 节点设计

第一层横梁与 B 柱相交的节点设计。

（1）节点核心区剪力设计值

对二级框架

$$V_j = \frac{\eta_{jb}\sum M_b}{h_0 - \alpha'_s}\left(1 - \frac{h_0 - \alpha'_s}{H_c - h_b}\right)$$

式中　$\sum M_b$——节点左、右梁端逆时针或顺时针组合的弯矩设计值之和：

$$\sum M_b = 421.45 \times 2 = 842.9(\text{kN} \cdot \text{m})$$

H_c——柱的计算高度，可取上、下柱的反弯点间的距离：

$$H_c = (0.55 \times 5.5 + 0.5) \times 4.2 = 5.125(\text{m})$$

h_b——梁截面高度，$h_b = 650$ mm。

h_0——梁截面有效高度，$h_0 = 650 - 60 = 590(\text{mm})$。

η_{jb}——节点剪力增大系数，二级取 1.2。

$$V_j = \frac{1.2 \times 842.9 \times 10^6}{590 - 40} \times \left(1 - \frac{590 - 40}{5125 - 650}\right) = 1613(\text{kN})$$

（2）节点核心区截面验算

框架节点核心区组合的剪力设计值应符合如下条件：

$$V_j \leqslant (0.3\eta_j f_c b_j h_j)/\gamma_{RE}$$

式中，$b_j = 500$ mm，$h_j = 500$ mm，$\eta_j = 1.5$，$\gamma_{RE} = 0.85$，则 $(0.3\eta_j f_c b_j h_j)/\gamma_{RE} = 0.3 \times 1.5 \times 14.3 \times 500 \times 500 \div 0.85 = 1893(\text{kN}) > V_j = 1613$ kN，满足要求。

（3）节点核心区截面抗剪承载力验算

设计表达式：

$$V_{ij} \leqslant \frac{1}{\gamma_{RE}}\left(1.1\eta_j f_t b_j h_j + 0.05\eta_j N\frac{b_j}{b_c} + f_{yv}A_{svj}\frac{h_{b0} - \alpha'_s}{s}\right)$$

由 B 柱内力组合查得

$$N = 1531 \text{ kN} < 0.5f_c b h_0$$

$$A_{svj} = \frac{nA_{sv1}(h_0 - \alpha'_s)}{s}$$

设节点核心区箍筋为 4 肢 ϕ 10@100，则

$$A_{svj} = 4 \times 50.3 \times (460 - 40) \div 100 = 845(\text{mm}^2)$$

为使节点核心区满足抗剪强度，将一层混凝土设为 C30，$f_t = 1.43$ N/mm²：

$$V_j \leqslant \frac{1}{\gamma_{RE}}\left(1.1\eta_j f_t b_j h_j + 0.05\eta_j N\frac{b_j}{b_c} + f_{yv}A_{svj}\frac{h_{b0} - \alpha'_s}{s}\right)$$

$$\frac{1}{0.85} \times \left(1.1 \times 1.5 \times 1.43 \times 500^2 + 0.05 \times 1.5 \times 1531 \times \frac{500}{500} + 270 \times 845 \times \frac{590}{100}\right)$$

$= 1844.8(\text{kN}) > V_j = 1613$ kN，满足要求。

5.5.13 计算机复核

此部分内容在学生上机操作时由教师指导,故略去。

➲ 本章小结

1. 本单元主要介绍了多层钢筋混凝土结构房屋的主要结构体系及布置要求,介绍了钢筋混凝土结构房屋的抗震设计内容、步骤及要求。

2. 框架结构的设计步骤如下:根据设计方案,进行结构选型和布置,初步确定梁柱截面尺寸、材料强度等级以及结构抗震等级,计算荷载、结构刚度及自振周期,计算地震作用,多遇地震下的抗震变形验算,内力分析、内力组合,截面抗震验算,结构构件和非结构构件的抗震构造措施。

3. 多层钢筋混凝土结构房屋的水平地震作用一般可通过底部剪力法确定。

4. 为使房屋结构有良好的抗震性能,应尽可能设计成规则结构。

5. 钢筋混凝土框架结构在竖向荷载作用下宜考虑梁端塑性变形内力重分布而对梁端负弯矩值进行调幅,调幅系数可取 0.8~0.9。

6. 地震区的框架结构,应设计成延性框架,遵循"强柱弱梁""强剪弱弯""强节点、弱锚固"的设计原则,促使框架以梁的受弯屈曲形式的大变形来耗散地震能量,从而避免柱及节点的破坏以致房屋倒塌。

7. 框架梁设计的基本要求是:梁端形成塑性铰后仍有足够的受剪承载力;梁筋屈服后,塑性铰区段应有良好的延性和耗能能力;应可靠解决梁筋锚固问题。

8. 框架柱的设计应遵循以下原则:强柱弱梁,使柱尽量不出现塑性铰;在弯曲破坏之前不发生剪切破坏,使柱有足够的抗剪能力;控制柱的轴压比不要过大;加强约束,配置必要的约束箍筋。

9. 框架节点的设计原则:节点的承载力不应低于其连接构件的承载力,梁柱纵筋在节点区应有可靠的锚固。

➲ 思考与练习

5-1 钢筋混凝土结构房屋的震害主要有哪些表现?

5-2 地震作用的计算方法有几种?底部剪力法的适用条件是什么?

5-3 划分结构抗震等级的意义是什么?

5-4 为什么要限制框架结构的最大高度和高宽比?

5-5 框架结构的抗震等级如何确定?

5-6 如何计算框架结构的自振周期?

5-7 为什么要进行结构的侧移计算?框架结构的侧移计算包括哪几个方面?

5-8 结构在水平荷载作用下的内力如何计算?在竖向荷载作用下的内力如何计算?

5-9 考虑地震作用时,如何进行框架结构的内力组合?

5-10 何为"强柱弱梁""强剪弱弯"?对结构抗震有何意义?

6　钢结构房屋抗震设计

【学习目标】
　　了解多层及高层钢结构房屋震害及破坏特点、结构体系的布置，熟悉高层钢结构体系抗震设计与构造措施、钢接点及连接构造措施，培养在施工设计过程中解决有设防要求的多层及高层钢结构房屋抗震问题的能力。

6.1　多、高层钢结构房屋主要震害及分析

　　钢结构基本上属各向同性的均质材料，具有轻质高强、延性好的性能，是一种很适用于建造抗震结构的材料，在地震作用下，钢结构房屋由于材料的材质均匀，强度易于保证，因而结构的可靠性大；轻质高强的特点使钢结构房屋的自重轻，从而结构所受的地震作用减小；良好的延性性能，使钢结构具有很大的变形能力，即使在很大的变形下仍不倒塌，从而保证结构的抗震安全。但是，钢结构房屋如设计与制造不当，在地震作用下，可能发生构件的失稳和材料的脆性破坏及连接破坏，而使其优良的材料得不到充分的发挥，结构未必具有较高的承载力和延性。

　　一般来说，钢结构房屋在强震作用下，强度方面是足够的，但侧向刚度一般不足，钢结构在地震作用下，虽然很少整体倒塌，但常发生局部破坏和材料脆性破坏。例如，1985 年 9 月 19 日，墨西哥城发生 8.1 级大地震，震后发现，1957 年之前的钢结构体系（如交叉体系）发生严重破坏，而之后普遍采用的抗弯框架体系和抗弯框架-支撑体系则破坏较轻，其中抗弯框架体系的破坏主要发生在梁柱连接处，以及桁架梁的受压斜杆压屈。抗弯框架-支撑体系除了 Pino Suarez 综合楼发生倒塌外，只有两栋结构有损伤。1994 年美国诺斯里奇（Northrige）发生 6.7 级地震，地震后未发现倒塌的钢结构建筑。

　　钢结构房屋的主要震害为：节点破坏、构件破坏、围护结构破坏和结构倒塌。

6.1.1　梁柱节点破坏

① 节点破坏特点。

下翼缘焊缝根部裂缝多向柱段范围扩展，如图 6-1 所示；裂缝从扇形角部向梁段内发

展,如图 6-2 所示;此外,包括下翼缘焊缝与柱翼缘完全脱离;梁柱节点震害柱焊缝断裂;梁柱节点震害梁螺栓破坏。

② 节点破坏原因。

焊缝金属冲击韧性低;焊缝存在缺陷,特别是下翼缘梁端现场焊缝中部,因腹板妨碍焊接和检查,出现不连续;梁翼缘端部全熔透坡口焊的衬板边缘形成人工缝,在弯矩作用下扩大;梁端焊缝通过孔边缘出现应力集中,引

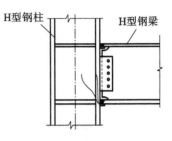

图 6-1　梁柱节点破坏(一)

发裂缝,向平材扩展;裂缝主要出现在下翼缘,是因为梁上翼缘有楼板加强,且上翼缘焊缝无腹板妨碍施焊。

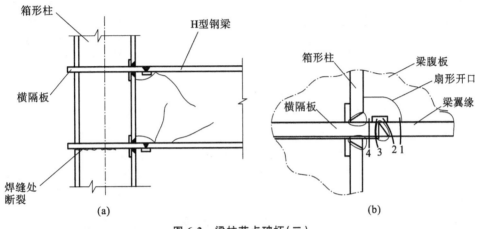

图 6-2　梁柱节点破坏(二)

6.1.2　梁、柱、支撑等构件破坏

6.1.2.1　框架柱破坏

框架柱破坏主要包括翼缘屈曲、拼接处裂缝、翼缘层状撕裂、脆性断裂等。

1995 年 1 月 17 日日本阪神发生 7.2 级大地震,地震中某住宅小区钢结构房屋 53 根立柱全部脆性断裂,如图 6-3 所示。

(a)

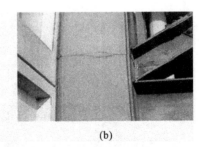

(b)

图 6-3　框架柱破坏

(a)柱拉弯断裂;(b)柱的断裂通向斜撑

6.1.2.2 框架梁破坏

框架梁破坏形式为局部失稳,主要包括翼缘屈曲、拼接处裂缝、腹板裂缝、截面扭转屈曲等。

2008年5月12日四川汶川发生8.0级地震,地震中有些钢结构房屋梁腹板出现屈曲(图6-4)、拼接处裂缝(图6-5)。

图6-4 梁腹板出现屈曲

图6-5 梁拼接处裂缝

6.1.2.3 支撑的破坏

支撑破坏主要包括受拉断裂、受压屈曲、节点板拉断、节点板压屈等。

大量资料显示,1995年日本阪神地震中,某钢结构厂房支撑发生受拉破坏(图6-6)、受压屈曲(图6-7);2008年汶川地震中,某钢结构厂房支撑节点板发生受拉破坏(图6-8)、受压破坏(图6-9)。

图6-6 支撑受拉破坏

图6-7 支撑屈曲破坏

图6-8 节点板受拉破坏

图6-9 节点板受压破坏

6.1.3 节点域破坏

破坏形式为节点区域屈服(图 6-10)、柱脚锚栓破坏(图 6-11),主要包括加劲板屈曲、加劲板开裂、腹板屈曲、腹板开裂等。

图 6-10 节点区域屈服

图 6-11 柱脚锚栓破坏

6.1.4 结构倒塌破坏

钢结构倒塌与抗震设计水平、震级有很大关系,1985 年墨西哥大地震中 10 栋钢结构房屋倒塌,1995 年日本阪神地震中,也有钢结构房屋倒塌。

6.1.5 非结构构件破坏

破坏形式有围护墙倒塌(图 6-12)和吊顶破坏(图 6-13)。

图 6-12 围护墙倒塌

图 6-13 吊顶破坏

通过以上分析可知,钢结构比其他结构震害轻,但若忽视其震害,也会造成人员伤灾,带来经济损失。为了减轻和避免这种损失,就需要在梁柱节点构造、焊缝设计以及焊缝施工质量、构件截面尺寸和局部构造(长细比、板件宽厚比等),特别是柱间、屋架支撑、节点域、柱脚做法、非结构构件等方面选择合理的设计和施工方案。

6.2 多、高层钢结构民用建筑

6.2.1 多、高层钢结构民用建筑的结构体系

多层钢结构的结构体系主要有：框架体系、框架-支撑体系、框架-剪力墙板体系、筒体体系（框架筒、筒中筒、桁架筒、束筒等）和巨型框架体系等。

（1）框架体系

框架体系是沿房屋纵横方向由多榀平面框架构成的结构。这类结构的抗侧力能力主要决定于梁柱构件和节点的强度与延性，故节点常采用刚性连接节点。

（2）框架-支撑体系

框架-支撑体系是在框架体系中沿结构的纵、横两个方向均匀布置一定数量的支撑所形成的结构体系。支撑体系的布置由建筑要求及结构功能来确定。

支撑类型的选择与是否抗震有关，也与建筑的层高、柱距以及建筑使用要求有关。

① 中心支撑。

中心支撑是指斜杆、横梁及柱汇交于一点的支撑体系，或两根斜杆与横杆汇交于一点，也可与柱子汇交于一点，但汇交时均无偏心距。中心支撑的类型见图 6-14。

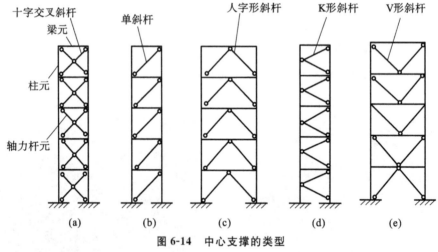

图 6-14 中心支撑的类型

（a）X 形支撑；（b）单斜支撑；（c）人字形支撑；（d）K 形支撑；（e）V 形支撑

② 偏心支撑。

偏心支撑是指支撑斜杆的两端至少有一端与梁相交（不在柱节点处），另一端可在梁与柱交点处连接，或偏离另一根支撑斜杆一段长度与梁连接，并在支撑斜杆杆端与柱子之间构成一耗能梁段，或在两根支撑与杆之间构成一耗能梁段的支撑。偏心支撑类型（偏心支撑框架）见图 6-15。

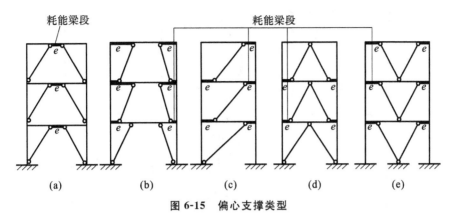

图 6-15 偏心支撑类型

(a) 门架式 1;(b) 门架式 2;(c) 单斜杆式;(d) 人字形式;(e) V 字形式

（3）框架-剪力墙板体系

框架-剪力墙板体系是以钢框架为主体,并配置一定数量的剪力墙板。

剪力墙板主要类型有钢板剪力墙板,内藏钢板支撑剪力墙板(图 6-16),带竖缝钢筋混凝土剪力墙板(图 6-17)。

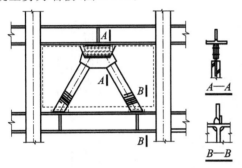

图 6-16 内藏钢板剪力墙板与框架的连接

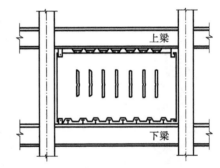

图 6-17 带竖缝剪力墙板与框架的连接

（4）筒体体系

筒体体系可分为框架筒、桁架筒、筒中筒及束筒等体系,如图 6-18 所示。

（5）巨型框架体系

巨型框架体系是由柱距较大的立体桁架梁柱及立体桁架梁构成的,如图 6-19 所示。

6.2.2 多、高层钢结构民用建筑结构体系抗震设计的布置要求

6.2.2.1 多、高层钢结构房屋建筑体型及其构件布置的规则性

① 建筑设计应该根据抗震概念设计的要求明确建筑体型的规则性。不规则的建筑应按规定采取加强措施;特别不规则的建筑应进行专门研究和讨论,采取特别的加强措施;严重不规则的建筑不应采用。

② 钢结构房屋和钢-混凝土混合结构房屋存在表 1-6、表 1-7 情况,属于不规则建筑,应按《抗震规范》3.4.4 条、3.4.5 条规定采取措施。

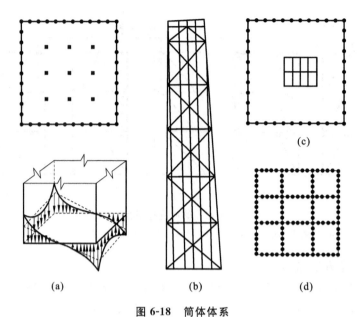

图 6-18 筒体体系

（a）框架筒；（b）桁架筒；（c）筒中筒；（d）束筒

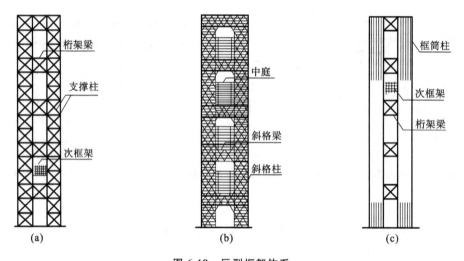

图 6-19 巨型框架体系

（a）桁架型；（b）斜格型；（c）框筒型

6.2.2.2 多、高层钢结构房屋一般规定

① 多、高层钢结构房屋的结构类型和适用的最大高度应符合表 6-1 的规定，平面和竖向不规则的钢结构，适用的最大高度宜适当降低。

表 6-1 　　　　　　　　　　　　**适用的钢结构房屋最大高度** 　　　　　　　　（单位：m）

结构体系	6、7 度	7 度	8 度		9 度
	0.10g	0.15g	0.20g	0.30g	0.40g
框架	110	90	90	70	50

结构体系	6、7度	7度	8度		9度
	0.10g	0.15g	0.20g	0.30g	0.40g
框架-中心支撑	220	200	180	150	120
框架-偏心支撑(延性墙板)	240	220	200	180	160
筒体(框筒、筒中筒、桁架筒、束筒)和巨型框架	300	280	260	240	180

② 多、高层钢结构民用房屋适用的最大高宽比不应该超过表 6-2 的规定。

表 6-2 **高层钢结构民用房屋的最大高宽比**

烈度	6、7	8	9
最大高宽比	6.5	6	5.5

③ 钢结构房屋应根据设防分类、烈度和房屋高度采用不同的抗震等级,并应符合相应的计算和构造措施要求。丙类建筑抗震等级应按表 6-3 的规定。

表 6-3 **钢结构房屋的抗震等级**

房屋高度	抗震设防烈度			
	6 度	7 度	8 度	9 度
≤ 50 m	—	四	三	二
> 50 m	四	三	二	一

④ 钢结构房屋需要设置防震缝时,考虑到钢结构的刚度低于混凝土结构,防震缝宽度要求不小于相应钢筋混凝土结构房屋的 1.5 倍。

⑤ 采用框架结构时,甲、乙类建筑和高层的丙类建筑不应采用单跨框架,多层的丙类建筑不宜采用单跨框架。

⑥ 采用框架-支撑体系的钢结构房屋应符合下列规定:

a. 支撑框架在两个方向都应布置且均宜基本对称,支撑框架之间楼盖的长宽比不宜大于 3。

b. 三、四级且高度不大于 50 m 的钢结构宜采用中心支撑,有条件时也可采用偏心支撑等消能支撑。

c. 中心支撑框架宜采用交叉支撑,也可采用人字支撑或单斜杆支撑,不宜采用 K 形支撑,支撑的轴线应交汇于梁柱构件轴线的交点,偏离交点时的偏心距不应超过支撑杆件宽度,并应计入由此产生的附加弯矩。

d. 偏心支撑框架的每根支撑应至少有一端与框架梁连接,并在支撑与梁交点和柱之间或同一跨内另一支撑与梁交点之间形成消能梁段。

⑦ 钢框架-筒体结构,必要时可设置由筒体外伸臂或外伸臂周边桁架组成的加强层。

⑧ 钢结构房楼盖应该符合下列要求:

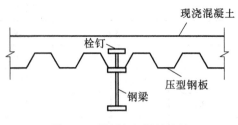

图 6-20　楼板与钢梁的连接

a. 宜采用压型钢板钢筋混凝土组合楼板或钢筋混凝土楼板,并与钢梁可靠连接,见图 6-20。

b. 对 6、7 度时不超过 50 m 的钢结构房屋,尚可采用装配整体式钢筋混凝土楼板、装配式楼板或其他轻型楼盖,但应将楼板预埋件与钢梁焊接,或采取其他保证楼盖整体性的措施。

c. 对转换层楼盖或楼板有较大洞口等情况,必要时可设置水平支撑。

⑨ 钢结构房屋的地下室设置应该符合下列要求:

a. 当设置地下室时,框架-支撑(抗震墙板)结构中沿竖向连续布置的支撑或抗震墙板应延伸至基础;钢框架柱至少延伸至地下一层,其竖向荷载应直接传至基础。

b. 超过 50 m 钢结构房屋地下室,其基础埋置深度,规定天然地基的基础埋深不宜小于房屋高度的 1/15;考虑某些软地基的工程实际情况,将桩基承台埋深改为不宜小于房屋总高度的 1/20。

6.3　单层钢结构厂房

本节主要是针对钢柱、钢屋架或钢屋面梁承重的单层厂房,在进行轻型钢结构厂房抗震设计时,应该符合专门规定。

6.3.1　抗震设计对单层钢结构厂房体系的要求

厂房的结构体系应该符合下列要求。

① 厂房的横向抗侧力体系可采用屋盖横梁与柱顶刚接或铰接的框架、门式刚架、悬臂柱或其他结构体系。厂房纵向抗侧力体系,8 度、9 度应采用柱间支撑;6 度、7 度宜采用柱间支撑,也可采用刚接框架结构。

② 厂房内设有桥式起重机时,起重机梁系统的构件与厂房框架柱的连接应能可靠地传递纵向水平地震作用。

③ 屋盖应设置完整的屋盖支撑系统。屋盖横梁与柱顶铰接时,宜采用螺栓连接。

④ 厂房的平面布置、钢筋混凝土屋面板和天窗架的设置要求等,可参照单层钢筋混凝土柱厂房的有关规定。当设置防震缝时,其缝宽不宜小于单层混凝土柱厂房防震缝宽度的 1.5 倍。

6.3.2　单层钢结构厂房抗震构造措施

① 无檩屋盖的支撑布置应符合表 6-4 的要求。

表 6-4　　　　　　　　　　　　　　　　　　**无檩屋盖的支撑布置**

支撑名称			抗震设防烈度		
			6、7 度	8 度	9 度
屋架支撑	上、下弦横向支撑		屋架跨度小于 18 m 时同非抗震设计；屋架跨度不小于 18 m 时，在厂房单元端开间各设一道	厂房单元端开间及上柱支撑开间各设一道，天窗开洞范围的两端各增设局部上弦支撑一道；当屋架端部支承在屋架上弦时，其下弦横向支撑同非抗震设计	
	上弦通长水平支撑		同非抗震设计	在屋脊处、天窗架竖向支撑处、横向支撑节点处和屋架两端处设置	
	下弦通长水平支撑			屋架竖向支撑节点处设置；当屋架与柱刚接时，在屋架端节点处按控制下弦平面外长细比不大于 150 设置	
	竖向支撑	屋架跨度小于 30 m		厂房单元两端开间及上柱支撑各开间屋架端部各设一道	同 8 度，且每隔 42 m 在屋架端部设置
		屋架跨度小于等于 30 m		厂房单元的端开间，屋架 1/3 跨度处和上柱支撑开间内的屋架端部设置，并与上、下弦横向支撑相对应	同 8 度，且每隔 36 m 在屋架端部设置
纵向天窗架支撑	上弦横向支撑		天窗架单元两端开间各设一道	天窗架单元端开间及柱间支撑开间各设一道	
	竖向支撑	跨中	跨度不小于 12 m 时设置，其道数与两侧相同	跨度不小于 9 m 时设置，其道数与两侧相同	
		两侧	天窗架单元端开间及每隔 36 m 设置	天窗架单元端开间及每隔 30 m 设置	天窗架单元端开间及每隔 24 m 设置

② 有檩屋盖的支撑布置应符合表 6-7 的要求。

③ 当轻钢屋盖采用实腹屋面梁、柱刚性连接的刚架体系时，屋盖水平支撑可布置在屋面梁的上翼缘平面。屋面梁下翼缘应设置隔撑侧向支撑，隔撑的另一端可与屋面檩条连接。屋盖横向支撑、纵向天窗架支撑的布置可参照表 6-6、表 6-7 的要求。

④ 屋盖纵向水平支撑的布置尚应符合下列要求：

a. 当采用托架支承横梁的屋盖结构时，应沿厂房单元全长设置纵向水平支撑。

b. 对于高低跨厂房，在低跨屋盖横梁端部支撑处，应沿屋盖全长设置纵向水平支撑。

c. 纵向柱列局部柱间采用托架支承屋盖横梁时，应沿托架的柱间及向其两侧至少各延伸一个柱间设置屋盖纵向水平支撑。

d. 当设置沿结构单元全长的纵向水平支撑时，应与横向水平支撑形成封闭的水平支撑体系。多跨厂房屋盖纵向水平支撑的间距不宜超过两跨，不得超过三跨；高跨和低跨宜

表 6-7 有檩屋盖的支撑布置

支撑名称		抗震设防烈度		
		6、7 度	8 度	9 度
屋架支撑	上弦横向支撑	厂房单元端开间及每隔 60 m 各设一道	厂房单元端开间及上柱支撑开间各设一道	同 8 度,且天窗架开间范围内的两端增设局部上弦横向支撑一道
	下弦横向水平支撑	同非抗震设计;当屋架端部支承在屋架下弦时,同上弦横向支撑		
	跨中竖向支撑	同非抗震设计		屋架跨度大于或等于 30 m 时,跨中增设一道
	两侧竖向支撑	屋架端部高度大于 900 mm 时,厂房单元两端开间及上柱支撑各开间各设一道		
	下弦通长水平系杆	同非抗震设计	屋架两端和屋架竖向支撑处设置;与柱刚接时,屋架端节点处按控制下弦平面外长细比不大于 150 设置	
纵向天窗架支撑	上弦横向支撑	天窗架单元两端开间各设一道	天窗架单元两端开间及每隔 54 m 各设一道	天窗架单元两端开间及每隔 48 m 各设一道
	两侧竖向支撑	天窗架单元两端开间及每隔 42 m 各设一道	天窗架单元两端开间及每隔 36 m 各设一道	天窗架单元两端开间及每隔 24 m 各设一道

按各自的标高组成相对独立的封闭支撑体系。

⑤ 支撑杆宜采用型钢;设置交叉支撑时,支撑杆的长细比限值可取 350。

⑥ 厂房框架柱的长细比,轴压比小于 0.2 时不宜大于 150;轴压比不小于 0.2 时,不宜大于 $120\sqrt{235/f_{ay}}$。

⑦ 厂房框架柱、梁的板件宽厚比应符合下列要求。

a. 重屋盖厂房,板件宽厚比限值可按相关规定采用,7 度、8 度、9 度的抗震等级可分别按四、三、二级采用。

b. 轻屋盖厂房,塑性耗能区板件宽厚比限值可根据其承载力的高低按性能目标确定。塑性耗能区外的板件宽厚比限值,可采用《钢结构设计规范》(GB 50017—2003)弹性设计阶段的板件宽厚比限制。其中,腹板的宽厚比可通过设置纵向加劲肋减小。

⑧ 柱间支撑应符合下列要求。

a. 厂房单元的各纵向柱列,应在厂房单元中部布置一道下柱柱间支撑;当 7 度厂房单元长度大于 120 m(采用轻型围护材料时为 150 m)、8 度和 9 度厂房单元大于 90 m(采用轻型围护材料时为 120 m)时,应在厂房单元 1/3 区段内各布置一道下柱支撑;当柱距数不超过 5 个且厂房长度小于 60 m 时,亦可在厂房单元的两端布置下柱支撑,上柱柱间应布置在厂房单元两端和具有下柱支撑的柱间。

b. 柱间支撑宜采用 X 形支撑,条件限制时也可采用 V 形、Λ 形及其他形式的支撑。X 形支撑斜杆与水平面的夹角、支撑斜杆交叉点的节点板厚度,应符合相关规定。

c. 柱间支撑杆件的长细比限值,应符合《钢结构设计规范》(GB 50017—2003)的规定。

d. 柱间支撑宜采用整根型钢,当热轧型钢超过材料最大长度规格时,可采用拼接等强接长。

e. 有条件时,可采用消能支撑。

⑨ 柱脚应能可靠传递柱身承载力,宜采用埋入式、插入式或外包式柱脚,6 度、7 度时也可采用外露式柱脚。柱脚设计应符合下列要求。

a. 实腹式钢柱采用埋入式、插入式柱脚的埋入深度,应由计算确定,且不得小于钢柱截面高度的 2.5 倍。

b. 格构式柱采用插入式柱脚的埋入深度,应由计算确定,其最小插入深度不得小于单肢截面高度(或外径)的 2.5 倍,且不得小于柱总宽度的 0.5 倍。

c. 采用外包式柱脚时,实腹 H 形截面柱的钢筋混凝土外包高度不宜小于 2.5 倍钢结构截面高度,箱形截面柱或圆管截面柱的钢筋混凝土外包高度不宜小于 3 倍钢结构截面高度或圆管截面直径。

d. 当采用外露式柱脚时,柱脚承载力不宜小于柱截面塑性屈服承载力的 1.2 倍。柱脚锚栓不宜用以承受柱低水平剪力,柱低剪力应由钢地板与基础间的摩擦力或设置抗剪键及其他措施承担。柱脚锚栓应可靠锚固。

➡ 本 章 小 结

1. 本章主要介绍多、高层钢结构房屋主要震害;多、高层钢结构民用建筑的结构体系,多、高层钢结构民用建筑结构体系抗震设计的布置要求;抗震设计对单层钢结构厂房体系的要求及构造措施。

2. 多、高层钢结构房屋在强震作用下,强度方面是足够的但侧向刚度一般不足,钢结构在地震作用下,虽然很少整体倒塌,但常发生局部破坏坏和材料脆性破坏。钢结构房屋的主要震害为:节点破坏、构件破坏、围护结构破坏和结构倒塌。

3. 多层钢结构的结构体系主要有:框架结构、框架一支撑结构、钢框架一筒体结构(框筒、筒中筒、桁架筒、束筒等)或巨型框架体系等。

4. 多、高层钢结构民用建筑体系的布置要求:包括结构的规则性、抗震等级、最大高度、防震缝宽度、高宽比限制等。

➡ 思 考 与 练 习

6-1 多、高层钢结构民用建筑的特点有哪些?

6-2 常见多、高层钢结构民用建筑的结构类型有哪几种? 它们各自的适用范围如何?

6-3 钢结构体系抗震设计的布置要求有哪几种? 具体做法如何?

7 单层钢筋混凝土柱厂房抗震设计

【学习目标】
　　了解单层钢筋混凝土柱厂房的震害特点及原因,单层钢筋混凝土柱厂房的布置和选型;熟悉单层钢筋混凝土柱厂房的主要抗震构造措施。

7.1　单层钢筋混凝土柱厂房震害分析

　　单层钢筋混凝土柱厂房是指工业建筑中采用比较普遍的装配式单层钢筋混凝土柱厂房,且厂房内多设置桥式吊车。单层钢筋混凝土柱厂房的震害一般表现为以下几点:

　　① 在 6 度、7 度地震区主体结构完好,支撑体系基本完好,震害轻于同地区的民用建筑,震害易出现在维护墙体、天窗架、屋架、柱间支撑、天沟板等部位。

　　② 在 8 度区,主体结构出现开裂损坏,有的严重开裂破坏,天窗架立柱开裂,屋盖与柱间支撑大量出现节点拉脱或杆件压曲,砖围护墙产生较大开裂,部分墙体局部倒塌,山墙顶部多数向外侧倒塌。

　　③ 在 9 度区(特别是第Ⅲ、Ⅳ类场地)主体结构严重开裂破坏,屋盖破坏和局部倒塌,支撑体系大部分压曲,节点拉脱破坏,砌体围护结构大量倒塌。

　　④ 在 10 度、11 度地区,许多厂房毁坏。

　　在我国的历次地震中特别是 1976 年的唐山大地震和 2008 年的汶川大地震中,单层钢筋混凝土柱厂房经受了地震考验,相关工作人员积累了大量的震害资料、丰富的抗震经验和在试验研究基础上的科学数据,这些为我国单层钢筋混凝土柱厂房的抗震设计提供了设计依据。

7.1.1　屋盖系统震害

　　① 屋面板。由于屋面板端部预埋件小,加之施工中有的屋面板搁置长度不足、屋面板与屋架的焊点数不足、焊接质量差、板间没有灌缝或灌缝质量很差等连接不牢的原因,造成地震时屋面板焊缝拉开,屋面板滑脱,以致部分或全部屋面板倒塌。

　　② 天窗架。门式天窗架在地震时震害普遍。7 度区有天窗架立柱与侧板连接处及立柱与天窗架垂直支撑连接处混凝土开裂的现象;8 度区上述裂缝贯穿全截面,有些天窗

架立柱底部折断倒塌;9 度、10 度区门式天窗架大面积倾倒。门式天窗架的震害如此严重,主要原因是:门式天窗架突出在屋面上,受到经过主体建筑放大后的地震加速度产生显著的鞭端效应,随着天窗架突出的越高,地震作用也越大。特别是天窗架上的屋面板与屋架上的屋面板不在同一标高,在厂房纵向振动时产生高振型的影响,一旦支撑失效,地震作用全部由天窗架承受,而天窗架本身在平面外的刚度差、强度低、联结弱而引起天窗架破坏。此外,天窗架垂直支撑布置不合理或不足,也是主要原因。图 7-1 所示为天窗架根部与天窗侧板连接处破坏。

③ 屋架。主要震害发生在屋架与柱的连接部位,屋架与屋面板的焊接处出现混凝土开裂,预埋件拔出等;而当屋架与柱的连接破坏时,有可能导致屋架从柱顶塌落。当屋架高度较大,而两端又未设垂直支撑,或砖墙未能起到支撑作用时,屋架有可能发生倾倒。图 7-2 所示为三铰拱组合屋架中间铰节点变形过大。

图 7-1 天窗架根部与天窗侧板连接处破坏　　图 7-2 组合屋架中间铰节点变形过大

④ 支撑。在厂房支撑系统中,主要震害是支撑失稳弯曲,进而造成屋面的破坏或屋面倒塌。

7.1.2 柱与柱间支撑震害

① 钢筋混凝土柱:在 7 度区基本完好;在 8 度、9 度区一般破坏较轻,个别发现有上柱根部折断震害;在 10 度、11 度区有部分厂房发生倾倒。钢筋混凝土柱的破坏主要发生在上柱与下柱的变截面处,由于截面刚度突然变化,产生应力集中而出现水平裂缝、酥裂或折断,如图 7-3 所示。

② 有柱间支撑的厂房:在 8 度以上地区,柱间支撑有可能被压屈,甚至在柱的根部将柱剪断,钢筋折弯错位。高低跨厂房在支承高低跨屋架的中柱,由于高振型的影响受两侧屋盖相反地震作用的冲击,发生弯曲或剪切裂缝。

图 7-4 所示的柱间支撑与柱子连接破坏,其主要原因为柱间支撑与预埋件连接焊缝强度不足,埋件锚板厚度太小,刚度不足,锚筋与锚板连接强度不足。

图 7-5 所示的柱支撑交叉点节点板破坏,柱间支撑交叉点节点板和杆件的焊缝削弱了节点板的强度,节点板的大小和厚度均偏小。另外,还应提高对钢材的材质要求(如可焊性)。

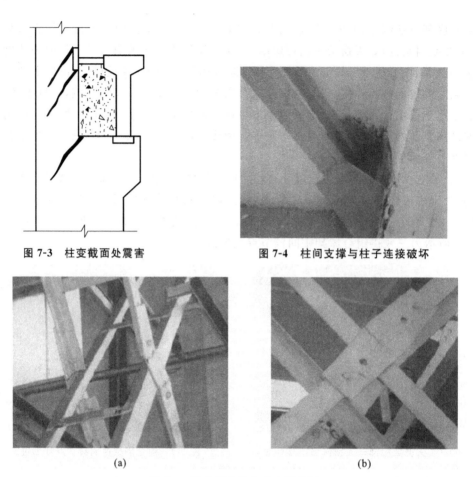

图 7-3 柱变截面处震害   图 7-4 柱间支撑与柱子连接破坏

(a)   (b)

图 7-5 柱支撑交叉点节点板破坏

7.1.3 围护墙及隔墙震害

围护墙是单层厂房在地震作用下最易出现震害的部位。7 度时,围护墙基本完好或者轻微破坏,少量开裂、向外侧偏出;8 度时,发展为局部墙体的倒塌;9 度时则发生大面积墙体的严重开裂或倒塌。纵、横墙的破坏,一般从檐口、山墙的山尖处脱离主体结构开始,进一步使整个墙体或上、下两层圈梁间的墙体向外侧倾倒或产生水平裂缝。严重时,局部脱落,甚至大面积倒塌。围护墙破坏的原因主要是:墙体与屋盖构件以及厂房柱缺乏牢固锚拉,且砌体强度不足,墙体在地震时自成振动体系,位于上部的墙体(如山墙的山尖)处于悬臂状态。此外,不等高厂房高跨封墙发生倒塌破坏,伸缩缝两侧砖墙由于缝宽较小往往发生相互撞击造成局部破坏。

图 7-6 所示为女儿墙裂缝,其主要原因是与屋面板的连接不足。其中,角部或端部女儿墙受力尤其复杂,也可能有温度等其他原因。

图 7-7 所示为厂房内隔墙 X 形裂缝。在震害中发现大多数排架主体结构破坏轻微,但厂房内的隔墙裂缝普遍。主要原因是大于 4 m 墙高处未增设拉梁,或者可能未设置圈梁,墙体和柱子缺少钢筋拉结。

图 7-6　女儿墙裂缝

图 7-7　厂房内隔墙 X 形裂缝

图 7-8 所示为高低跨封墙裂缝,高跨顶部以上封堵完全倒塌,造成低跨屋面板、屋架破坏。

图 7-8　高低跨封墙裂缝

7.2　单层钢筋混凝土柱厂房抗震设计一般规定

由上述震害及其分析可知,该类结构存在许多薄弱环节,为有效减小震害影响,提高厂房的抗震性能,除进行必要的抗震计算外,从厂房总体布置、构件选型、支撑设置到节点连接,应注意减小刚度和质量突变,加强整体连接,形成空间受力体系。

7.2.1　厂房布置

厂房布置应简单、规则、对称、均匀,避免局部出现应力集中,尽量使厂房刚度中心和质量中心重合以减小和避免扭转效应对厂房的震害。装配式单层钢筋混凝土柱厂房结构布置具体做法如下。

① 多跨厂房宜等高和等长,高低跨厂房不宜采用一端开口的结构布置。

② 厂房的贴建房屋和构筑物,不宜布置在厂房角部和紧邻防震缝处。

③ 厂房体型复杂或有贴建的房屋和构筑物时,宜设防震缝;在厂房纵横跨交接处、大柱网厂房(不小于 12 m)或不设柱间支撑的厂房,防震缝宽度可采用 100～150 mm,其他

情况可采用 50~90 mm。

④ 两个主厂房之间的过渡跨至少应有一侧采用防震缝与主厂房脱开。

⑤ 厂房内上起重机的铁梯不应靠近防震缝设置,多跨厂房各跨上起重机的铁梯不宜设置在同一横向轴线附近。

⑥ 厂房内的工作平台、刚性工作间宜与厂房主体结构脱开。

⑦ 厂房的同一结构单元内,不应采用不同的结构形式;厂房端部应设屋架,不应采用山墙承重;厂房单元内不应采用横墙和排架混合承重。

⑧ 厂房柱距宜相等,各柱列的侧移刚度宜均匀,当有抽柱时,应采取抗震加强措施。

7.2.2 厂房结构选型

7.2.2.1 厂房天窗架的设置

① 天窗宜采用突出屋面较小的避风型天窗,有条件或 9 度时宜采用下沉式天窗。

② 突出屋面的天窗宜采用钢天窗架;6~8 度时,可采用矩形截面杆件的钢筋混凝土天窗架。

③ 天窗架不宜从厂房结构单元第一开间开始设置;8 度和 9 度时,天窗架宜从厂房单元端部第三柱间开始设置。

④ 天窗屋盖、端壁板和侧板,宜采用轻型板材;不应采用端壁板代替端天窗架。

7.2.2.2 厂房屋架的设置

① 厂房宜采用钢屋架或重心较低的预应力混凝土、钢筋混凝土屋架。

② 跨度不大于 15 m 时,可采用钢筋混凝土屋面梁。

③ 跨度大于 24 m,或 8 度Ⅲ、Ⅳ类场地和 9 度时,应优先采用钢屋架。

④ 柱距为 12 m 时,可采用预应力混凝土托架(梁);当采用钢屋架时,亦可采用钢托架(梁)。

⑤ 有突出屋面天窗架的屋盖不宜采用预应力混凝土或钢筋混凝土空腹屋架。

⑥ 8 度(0.30g)和 9 度时,跨度大于 24 m 的厂房不宜采用大型屋面板。

7.2.2.3 厂房柱的设置

① 8 度和 9 度时,宜采用矩形、工字形截面柱或斜腹杆双肢柱,不宜采用薄壁工字形柱、腹板开孔工字形柱、预制腹板的工字形柱和管柱。

② 柱底至室内地坪以上 500 mm 范围内和阶形柱的上柱宜采用矩形截面。

7.2.2.4 单层钢筋混凝土柱厂房的围护墙和隔墙要求

① 厂房的围护墙宜采用轻质墙板或钢筋混凝土大型墙板,砌体围护墙应采用外贴式并与柱可靠拉结;外侧柱距为 12 m 时应采用轻质墙板或钢筋混凝土大型墙板。

② 刚性围护墙沿纵向宜均匀对称布置,不宜一侧为外贴式,另一侧为嵌砌式或开敞式;不宜一侧采用砌体墙一侧采用轻质墙板。

③ 不等高厂房的高跨封墙和纵横向厂房交接处的悬墙宜采用轻质墙板,6 度、7 度采用砌体时不应直接砌在低跨屋面上。

④ 砌体围护墙在下列部位应设置现浇钢筋混凝土圈梁。

a. 梯形屋架端部上弦和柱顶的标高处应各设一道,但屋架端部高度不大于 900 mm 时可合并设置。

b. 应按上密下稀的原则每隔 4 m 左右在窗顶增设一道圈梁,不等高厂房的高低跨封墙和纵墙跨交接处的悬墙,圈梁的竖向间距不应大于 3 m。

c. 山墙沿屋面应设钢筋混凝土卧梁,并应与屋架端部上弦标高处的圈梁连接。

7.2.2.5 圈梁的构造要求

① 圈梁宜闭合,圈梁截面宽度宜与墙厚相同,截面高度不应小于 180 mm;圈梁的纵筋,6～8 度时不应少于 4φ12,9 度时不应少于 4φ14。

② 厂房转角处柱顶圈梁在端开间范围内的纵筋,6～8 度时不宜少于 4φ14,9 度时不宜少于 4φ16,转角两侧各 1 m 范围内的箍筋直径不宜小于 φ8,间距不宜大于 100 mm;圈梁转角处应增设不少于 3 根且直径与纵筋相同的水平斜筋。

③ 圈梁应与柱或屋架牢固连接,山墙卧梁应与屋面板拉结;顶部圈梁与柱或屋架连接的锚拉钢筋不宜少于 4φ12,且锚固长度不宜少于 35 倍钢筋直径,防震缝处圈梁与柱或屋架的拉结宜加强。

7.2.2.6 其他要求

① 墙梁宜采用现浇,当采用预制墙梁时,梁底应与砖墙顶面牢固拉结并应与柱锚拉;厂房转角处相邻的墙梁,应相互可靠连接。

② 砌体隔墙与柱宜脱开或柔性连接,并应采取措施使墙体稳定,隔墙顶部应设现浇钢筋混凝土压顶梁。

③ 砖墙的基础,8 度Ⅲ、Ⅳ类场地和 9 度时,预制基础梁应采用现浇接头;当另设条形基础时,在柱基础顶面标高处应设置连续的现浇钢筋混凝土圈梁,其配筋不应少于 4φ12。

④ 砌体女儿墙高度不宜大于 1 m,且应采取措施防止地震时倾倒。

7.3 单层钢筋混凝土柱厂房抗震构造措施

单层钢筋混凝土柱厂房结构是由预制构件装配而成,预制构件、连接节点和预埋件较多,结构的整体性差。加强整体性是单层钢筋混凝土柱厂房抗震构造措施的主要目的,需注意以下三方面内容:重视连接节点设计防止节点先于构件破坏,完善支撑体系保证结构稳定性,提高构件薄弱部位强度和延性防止构件局部破坏导致厂房严重破坏。

7.3.1 有檩屋盖构件的连接及支撑布置

本节所述的有檩屋盖是指钢屋架上铺设檩条,在檩条上铺设波形瓦(石棉瓦及槽瓦)屋盖(属于轻屋盖)。震害表明:有檩屋盖只要设置保证整体刚度的支撑体系,屋面瓦与檩条间以檩条与屋架间有牢固的拉结,一般均具有一定的抗震能力。具体措施如下:

① 檩条应与混凝土屋架（屋面梁）焊牢，并应有足够的支承长度；

② 双脊檩应在跨度 1/3 处相互拉结；

③ 压型钢板应与檩条可靠连接，瓦楞铁、石棉瓦等应与檩条拉结；

④ 支撑布置宜符合表 7-1 的要求。

表 7-1　　　　　　　　　　　　有檩屋盖的支撑布置

支撑名称		设防烈度		
		6、7 度	8 度	9 度
屋架支撑	上弦横向支撑	单元端开间各设一道	单元端开间及单元长度大于 66 m 的柱间支撑开间各设一道； 天窗开洞范围的两端各增设局部支撑一道	单元端开间及单元长度大于 42 m 的柱间支撑开间各设一道； 天窗开洞范围的两端各增设局部的上弦横向支撑一道
	下弦横向支撑 跨中竖向支撑	同非抗震设计		
	端部竖向支撑	屋架端部高度大于 900 mm 时，单元端开间及柱间支撑开间各设一道		
天窗架支撑	上弦横向支撑	单元天窗端开间各设一道	单元天窗端开间及每隔 30 m 各设一道	单元天窗端开间及每隔 18 m 各设一道
	两侧竖向支撑	单元天窗端开间及每隔 36 m 各设一道		

7.3.2　无檩屋盖构件的连接及支撑布置

无檩屋盖是指各类不用檩条的钢筋混凝土屋面板与屋架（屋面梁）组成的屋盖（属于重屋盖）。震害表明：无檩屋盖厂房结构抗震的关键是各构件间相互连成整体。设置屋盖支撑是保证屋盖整体的重要措施。具体措施如下。

① 大型屋面板应与屋架（屋面梁）焊牢，靠柱列的屋面板与屋架（屋面梁）的连接焊缝长度不宜小于 80 mm。

② 6 度和 7 度时有天窗厂房单元的端开间，或 8 度和 9 度时各开间，宜将垂直屋架方向两侧相邻的大型屋面板的顶面彼此焊牢。

③ 8 度和 9 度时，大型屋面板端头底面的预埋件宜采用角钢并与主筋焊牢。

④ 非标准屋面板宜采用装配整体式接头，或将板四角切掉后与屋架（屋面梁）焊牢。

⑤ 屋架（屋面梁）端部顶面预埋件的锚筋，8 度时不宜少于 4 φ 10，9 度时不宜少于 4 φ 12。

⑥ 支撑的布置宜符合表 7-2 的要求，有中间井式天窗时宜符合表 7-3 的要求；8 度和 9 度跨度不大于 15 m 的厂房屋盖采用屋面梁时，可仅在厂房单元两端各设竖向支撑一道；单坡屋面梁的屋盖支撑布置，宜按屋架端部高度大于 900 mm 的屋盖支撑布置执行。

表 7-2   **无檩屋盖的支撑布置**

支撑名称		设防烈度		
		6、7度	8度	9度
屋架支撑	上弦横向支撑	屋架跨度小于18 m时同非抗震设计，跨度不小于18 m时在厂房单元端开间各设一道	单元端开间及柱间支撑开间各设一道，天窗开洞范围的两端各增设局部支撑一道	
	上弦通长水平系杆	同非抗震设计	沿屋架跨度不大于15 m设一道，但装配整体式屋面可仅在天窗开洞范围内设置； 围护墙在屋架上弦高度有现浇圈梁时，其端部处可不另设	沿屋架跨度不大于12 m设一道，但装配整体式屋面可仅在天窗开洞范围内设置； 围护墙在屋架上弦高度有现浇圈梁时，其端部处可不另设
	下弦横向支撑		同非抗震设计	同上弦横向支撑
	跨中竖向支撑			
	两端竖向支撑 屋架端部高度小于或等于900 mm		单元端开间各设一道	单元端开间及每隔48 m各设一道
	两端竖向支撑 屋架端部高度大于900 mm	单元端开间各设一道	单元端开间及柱间支撑开间各设一道	单元端开间、柱间支撑开间及每隔30 m各设一道
天窗架支撑	天窗两侧竖向支撑	厂房单元天窗端开间及每隔30 m各设一道	厂房单元天窗端开间及每隔24 m各设一道	厂房单元天窗端开间及每隔18 m各设一道
	上弦横向支撑	同非抗震设计	天窗跨度大于或等于9 m时，单元天窗端开间及柱间支撑开间各设一道	单元端开间及柱间支撑开间各设一道

表 7-3   **中间井式天窗无檩屋盖的支撑布置**

支撑名称		设防烈度		
		6、7度	8度	9度
上弦横向支撑 下弦横向支撑		厂房单元端开间各设一道	厂房单元端开间及柱间支撑开间各设一道	
上弦通长水平系杆		天窗范围内屋架跨中上弦节点处设置		
下弦通长水平系杆		天窗两侧及天窗范围内屋架下弦节点处设置		
跨中竖向支撑		有上弦横向支撑开间设置，位置与下弦通长系杆相对应		
两端竖向支撑	屋架端部高度小于或等于900 mm	同非抗震设计		有上弦横向支撑开间，且间距不大于48 m
	屋架端部高度大于900 mm	厂房单元端开间各设一道	有上弦横向支撑开间，且间距不大于48 m	有上弦横向支撑开间，且间距不大于30 m

7.3.3 屋盖支撑要求

① 天窗开洞范围内,在屋架脊点处应设上弦通长水平压杆;8度Ⅲ、Ⅳ类场地和9度时,梯形屋架端部上节点应沿厂房纵向设置通长水平压杆。

② 屋架跨中竖向支撑在跨度方向的间距,6~8度时不大于15 m,9度时不大于12 m;当仅在跨中设一道时,应设在跨中屋架屋脊处;当设两道时,应在跨度方向均匀布置。

③ 屋架上、下弦通长水平系杆与竖向支撑宜配合设置。

④ 柱距不小于12 m且屋架间距6 m的厂房,托架(梁)区段及其相邻开间应设下弦纵向水平支撑。

⑤ 屋盖支撑杆件宜用型钢。

7.3.4 突出屋面的混凝土天窗架要求

突出屋面的混凝土天窗架两侧墙板与天窗立柱宜采用螺栓连接。

7.3.5 混凝土屋架的截面和配筋要求

① 屋架上弦第一节间和梯形屋架端竖杆的配筋,6度和7度时不宜少于4ϕ12,8度和9度时不宜少于4ϕ14。

② 梯形屋架的端竖杆截面宽度宜与上弦宽度相同。

③ 拱形和折线形屋架上弦端部支撑屋面板的小立柱,截面不宜小于200 mm×200 mm,高度不宜大于500 mm,主筋宜采用Ⅱ形,6度和7度时不宜少于4ϕ12,8度和9度时不宜少于4ϕ14,箍筋可采用ϕ6,间距不宜大于100 mm。

7.3.6 厂房柱子的箍筋要求

① 下列范围内柱的箍筋应加密。

a. 柱头,取柱顶以下500 mm并不小于柱截面长边尺寸。

b. 上柱,取阶形柱自牛腿面至起重机梁顶面以上300 mm高度范围内。

c. 牛腿(柱肩),取全高。

d. 柱根,取下柱柱底至室内地坪以上500 mm。

e. 柱间支撑与柱连接节点和柱变位受平台等约束的部位,取节点上、下各300 mm。

② 加密区箍筋间距不应大于100 mm,箍筋肢距和最小直径应符合表7-4的规定。

③ 厂房柱侧向受约束且剪跨比不大于2的排架柱,柱顶预埋钢板和柱箍筋加密区的构造尚应符合下列要求。

a. 柱顶预埋钢板沿排架平面方向的长度,宜取柱顶的截面高度,且不得小于截面高度的1/2及300 mm。

b. 屋架的安装位置,宜减小在柱顶的偏心,其柱顶轴向力的偏心距不应大于截面高度的1/4。

表 7-4 **柱加密区箍筋最大肢距和最小箍筋直径** （单位:mm）

烈度和场地类别		6 度和 7 度Ⅰ、Ⅱ类场地	7 度Ⅲ、Ⅳ类场地和 8 度Ⅰ、Ⅱ类场地	8 度Ⅲ、Ⅳ类场地和 9 度
箍筋最大肢距		300	250	200
箍筋最小直径	一般柱头和柱根	$\phi6$	$\phi8$	$\phi8(\phi10)$
	角柱柱头	$\phi8$	$\phi10$	$\phi10$
	上柱牛腿和有支撑的柱根	$\phi8$	$\phi8$	$\phi10$
	有支撑的柱头和柱变位受约束部位	$\phi8$	$\phi10$	$\phi12$

注：括号内数值用于柱根。

c. 柱顶轴向力排架平面内的偏心距在截面高度的 1/6～1/4 范围内时,柱顶箍筋加密区的箍筋体积配筋率:8 度、9 度不宜小于 1.2%,6 度、7 度不宜小于 0.8%。

d. 加密区箍筋宜配置四肢箍,肢距不大于 200 mm。

7.3.7 大柱网厂房柱的截面和配筋构造

大柱网厂房震害特征:一般柱根出现破坏,混凝土剥落,纵筋屈服;中柱破坏程度大于边柱,说明柱的破坏与其轴压比有关;大柱网厂房柱承受双向压、弯、剪的共同作用且 $P-\Delta$ 效应明显,受力复杂。具体措施如下。

① 柱截面宜采用正方形或接近正方形的矩形,边长不宜小于柱全高的 1/18～1/16。

② 重屋盖厂房地震组合的柱轴压比,6 度、7 度时不宜大于 0.8,8 度时不宜大于 0.7,9 度时不应大于 0.6。

③ 纵向钢筋宜沿柱截面周边对称配置,间距不宜大于 200 mm,角部宜配置直径较大的钢筋。

④ 柱头和柱根的箍筋应加密,并应符合下列要求。

a. 加密范围,柱根取基础顶面至室内地坪以上 1 m,且不小于柱全高的 1/6;柱头取柱顶以下 500 mm,且不小于柱截面长边尺寸。

b. 箍筋直径、间距和肢距,应符合《抗震规范》第 9.1.20 条的规定。

7.3.8 山墙抗风柱的配筋要求

① 抗风柱柱顶以下 300 mm 和牛腿(柱肩)面以上 300 mm 范围内的箍筋,直径不宜小于 6 mm,间距不应大于 100 mm,肢距不宜大于 250 mm。

② 抗风柱的变截面牛腿(柱肩)处,宜设置纵向受拉钢筋。

7.3.9 厂房柱间支撑的设置和构造

① 厂房柱间支撑的布置。

a. 一般情况下,应在厂房单元中部设置上、下柱间支撑,且下柱支撑应与上柱支撑配套设置;

b. 有起重机或 8 度和 9 度时,宜在厂房单元两端增设上柱支撑;

c. 厂房单元较长或 8 度Ⅲ、Ⅳ类场地和 9 度时,可在厂房单元中部 1/3 区段内设置两道柱间支撑。

② 柱间支撑应采用型钢,支撑形式宜采用交叉式,其斜杆与水平面的交角不宜大于 55°。

③ 交叉支撑斜杆的长细比,不宜超过表 7-5 的规定。

表 7-5　　　　　　　　　　交叉支撑斜杆的最大长细比

位置	烈度			
	6 度和 7 度Ⅰ、Ⅱ类场地	7 度Ⅲ、Ⅳ类场地和 8 度Ⅰ、Ⅱ类场地	8 度Ⅲ、Ⅳ类场地和 9 度Ⅰ、Ⅱ类场地	9 度Ⅲ、Ⅳ类场地
上柱支撑	250	250	200	150
下柱支撑	200	150	120	120

④ 下柱支撑的下节点位置和构造措施,应保证将地震作用直接传给基础;当 6 度和 7 度(0.1g)不能直接传给基础时,应计及支撑对柱和基础的不利影响采取加强措施。

⑤ 交叉支撑在交叉点应设置节点板,其厚度不应小于 10 mm,斜杆与交叉节点板应焊接,与端节点板宜焊接。

7.3.10　厂房结构构件的连接结点要求

① 屋架(屋面梁)与柱顶的连接,8 度时宜采用螺栓,9 度时宜采用钢板铰,亦可采用螺栓;屋架(屋面梁)端部支承垫板的厚度不宜小于 16 mm。

② 柱顶预埋件的锚筋,8 度时不宜少于 4 ϕ 14,9 度时不宜少于 4 ϕ 16;有柱间支撑的柱子,柱顶预埋件尚应增设抗剪钢板。

③ 山墙抗风柱的柱顶,应设置预埋板,使柱顶与端屋架的上弦(屋面梁上翼缘)可靠连接,连接部位应位于上弦横向支撑与屋架的连接点处,不符合时可在支撑中增设次腹杆或设置型钢横梁,将水平地震作用传至节点部位。

④ 支承低跨屋盖的中柱牛腿(柱肩)的预埋件,应与牛腿(柱肩)中按计算承受水平拉力部分的纵向钢筋焊接,且焊接的钢筋,6 度和 7 度时不应少于 2 ϕ 12,8 度时不应少于 2 ϕ 14,9 度时不应少于 2 ϕ 16。

⑤ 柱间支撑与柱连接节点预埋件的锚件,8 度Ⅲ、Ⅳ类场地和 9 度时,宜采用角钢加端板,其他情况可采用不低于 HRB335 的热轧钢筋,但锚固长度不应小于 30 倍锚筋直径或增设端板。

⑥ 厂房中的起重机走道板、端屋架与山墙间的填充小屋面板、天沟板、天窗端壁板和天窗侧板下的填充砌体等构件应与支承结构有可靠的连接。

7.3.11　其他要求

8 度时跨度不小于 18 m 的多跨厂房中柱和 9 度时多跨厂房各柱,柱顶宜设置通长水平压杆,此压杆可与梯形屋架支座处通长水平系杆合并设置,钢筋混凝土系杆端头与屋架间的空隙应采用混凝土填实。

本章小结

1. 单层钢筋混凝土柱厂房震害特点,主要介绍了屋盖体系震害、柱与柱间支撑震害和围护墙及隔墙震害。

2. 单层钢筋混凝土柱厂房抗震设计一般规定。在设计时除了必要的抗震计算以外,还要从厂房总体布置、构件选型、提高厂房整体性、维护墙体布置和连接构造等问题综合考虑,解决厂房震害问题。

3. 单层钢筋混凝土柱厂房抗震构造措施。单层钢筋混凝土柱厂房在地震作用下,由于节点强度不足、支撑设置不合理、构件设置位置和强度不足等问题造成普遍震害,因此应重视此类厂房结构抗震构造措施。

思考与练习

7-1　单层钢筋混凝土柱厂房的震害特点是什么? 试分析产生各种震害的原因。

7-2　厂房结构布置应符合哪些要求?

7-3　简述厂房屋架的设置应注意的问题。

8　隔震与消能减震设计

【学习目标】
　　了解隔震与消能减震的概念和基本原理,以及其在实际工程中的做法与应用,加深对隔震房屋和消能减震房屋的理解,培养对建成隔震与消能减震房屋的辨识能力和对其工作机理的判断。

8.1　结构抗震设计思想的演化和发展

　　由震源产生的地震力,通过一定途径传递到建筑物所在场地,引起结构的地震反应。一般来说,建筑物的地震位移反应沿高度由下向上逐级加大,而地震内力自上而下逐级增加。当建筑结构某些部分的地震力超过建筑主体结构构件的承载力时,结构将产生破坏。

　　抗震设计的初期,人们曾企图将结构物设计成"刚性结构体系"。这种结构的地震反应接近地面地震运动,一般不发生强度破坏。但这样做的结果必然导致材料的浪费,事实上由于计算模型在简化时与实际施工有所出入,很少有工程将结构物做成"刚性结构体系"。因为"刚性结构体系"难以实现,人们转而设想采用相反的"柔性结构体系",即通过大大减小结构物的刚度来避免结构与地面运动发生类共振,从而减轻地震力。但是,这种结构体系在地震动作用下结构位移过大,在较小的地震时有可能影响结构的正常使用,同时,将各类工程结构都设计成柔性结构体系也存在实践上的困难。长期的抗震工程实践证明:将一般结构物设计成"延性结构"是合宜的。通过适当控制结构物的刚度和强度,使结构构件在强烈地震时进入非弹性状态后,利用弹塑性变形吸收地震能量,与弹性设计结构相比,结构构件相同截面尺寸,可以承担更大的地震作用,使结构物至少保证"坏而不倒",这就是对"延性结构体系"的基本要求。在设计中,结构与构件的延性更多的是通过各种各样的构造措施和耗能手段实现的。在现代抗震设计中,经过地震的检验,有一部分建筑物达不到"延性结构体系"要求,框架结构在底层柱的上、下端出现塑性铰,导致结构的倒塌。因此实现延性结构体系设计是工程师所追求的抗震基本目标。

　　然而,延性结构体系的结构,仍然是被动地抵御地震作用。对于多数建筑物,当遭遇相当于当地基本烈度的地震袭击时,结构即可能进入非弹性破坏状态,从而导致建筑物装修与内部设备的破坏,造成巨大的经济损失。对于某些生命线工程(如电力、通信部门的核心建筑),结构及内部设备的破坏可以导致生命线网络的瘫痪,所造成的损失更是难以估量。因此,随着现代化社会的发展,各种昂贵设备在建筑物内部配置的增加,延性结构体系的应用也有了一定的局限性。面对新的社会要求,各国地震工程学家一直在寻求新的结构抗震设计途径。以隔震、减震为特色的结构控制设计理论与实践,便是这种努力的结果。

隔震,是通过某种隔震装置将地震动与结构隔开,以达到减小结构振动的目的。隔震方法主要有基底隔震和悬挂隔震等类型。

减震,是通过采用一定的耗能装置或附加子结构吸收或消耗地震传递给主体结构的能量,从而减轻结构的振动。减震方法主要有耗能减震、吸振减震、冲击减震等类型。

目前,结构隔震技术已基本进入实用阶段,而对于减震与制振技术,则正处于研究、探索并部分应用于工程实践的时期。

8.2　隔震的基本原理

8.2.1　概述

结构隔震方法的研究和应用始于 20 世纪 60 年代,70 年代以来发展速度很快。这种积极的结构抗震方法与传统的消极抗震方法相比,有以下优点。

① 通过延长结构的自振周期能够减少结构的水平地震作用。国内外的大量试验和工程经验表明:隔震一般可使结构的水平地震加速度反应降低 60%(但不隔离竖向地震动),从而可降低结构造价,提高结构抗震的可靠度。此外,隔震方法能够较准确地控制传到结构上的最大地震力,从而克服了设计结构构件时难以准确确定载荷的困难。

② 能大大减小结构在地震作用下的变形,保证非结构构件不受地震破坏,从而减少震后维修费用,对于典型的现代化建筑,非结构构件(如玻璃幕墙、饰面、公用设施等)的造价甚至占整个房屋总造价的 80% 以上。

③ 隔震、减震装置即使在震后产生较大的永久变形或损坏,但其复位、更换、维修结构构件方便、经济。

④ 用于高技术精密加工设备、核工业设备等的结构物,只能用隔震、减震的方法满足严格的抗震要求。

8.2.2　基本原理

① 隔震即是隔离地震,是指在建筑物或构筑物基础、底部或下部结构与上部结构之间设置由橡胶隔震支座和阻尼装置等部件组成具有整体复位功能的隔震层,以延长整个结构体系的自振周期,减少输入上部结构的水平地震作用,达到预期防震要求。隔震技术属于抗震设计中的主动控制技术,通过设置隔震层,直接减少输入上部结构的地震能量。随着科技发展,这种技术越来越受到人们的重视。

总的来说,隔震的基本原理有如下两点。

a. 延长结构基本自振周期,远离场地卓越周期,使结构基频处于地震能量高的频段之外,从而有效地降低建筑物的地震反应。

b. 适度增大橡胶支座的阻尼,以更多地吸收传入结构的地震能量,抑制地震波中长周期成分可能给建筑物带来的大变形。

② 隔震系统一般由隔震器、阻尼器、微震与风振控制装置组成。

隔震器:竖向支撑建筑物的自重与竖向活荷载,水平方向有弹性,具有一定水平刚度,能延长建筑物的自振周期,降低建筑物的地震反应。

阻尼器:吸收、耗散地震能力,抑制结构产生较大位移反应。

微震与风振控制装置:增加隔震系统的初始刚度,使建筑物在风荷载或轻微地震作用下保持稳定。

隔震层可以由隔震器(如橡胶隔震支座)和阻尼器、微震与风振控制装置等多部件组成,也可以由具有整体复位功能的橡胶隔震支座单独组成,由于阻尼装置目前还不具有可靠的复位功能,故不能单独成为隔震支座。

③ 按隔震层设置位置的不同,隔震技术可分为 3 类:

a. 地基隔震。

地基隔震可分为绝缘和屏蔽两种。绝缘是希望在地基自身中降低输入波的方法,软弱地基或人工地基那样较软的地基有降低输入加速度的性质。屏蔽是在建筑物周围挖深沟或埋入屏蔽板等将卓越长周期的剪切波(S 波)隔断的方法,但这种方法不能屏蔽直下型输入波。

b. 基础隔震。

所谓基础隔震,是在上部结构与基础之间安装隔震系统,将基础和上部结构隔离开来,以减小水平地面运动向上部结构的传递,从而达到减小上部结构振动的目的。基础隔震基本模式如图 8-1 所示。

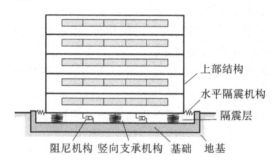

图 8-1　基础隔震基本模式

c. 上部结构隔震。

上部结构的隔震方法分为能量吸收和附加振动体两种形式。能量吸收形式是在建筑物的任意层设置弹塑性阻尼器、黏性体阻尼器、油阻尼器或摩擦阻尼器等各种阻尼器以吸收地震能量。附加振动体形式则是在建筑物的任意层上加设振动体,构成新的振动体系,将振动由结构物本身向附加振动体转移。

由上可知,隔震结构与传统抗震结构有着不同的设计理念,表 8-1 对基础隔震房屋和传统抗震房屋的设计理念进行了比较。

表 8-1   隔震房屋和传统抗震房屋的设计理念对比

项目	抗震房屋	隔震房屋
结构体系	上部结构和基础连接牢固	削弱上部结构与基础的有关连接
科学思想	提高结构自身的抗震能力	隔离地震能量向建筑物输入
措施	强化结构刚度和定性	滤波

8.3 隔震技术的适用条件

① 建筑结构采用隔震设计时应符合下列各项要求。

a. 结构高宽比宜小于 4，且不应大于相关规范规程对非隔震结构的具体规定，其变形特征接近剪切变形，最大高度应满足《抗震规范》非隔震结构的要求；高宽比大于 4 或非隔震结构相关规定的结构采用隔震设计时，应进行专门研究。

现阶段隔震结构主要用于外形基本规则的低层和多层建筑结构。对于不隔震时基本周期小于 1.0 s 的建筑结构减震效果与经济性均最好，对于高层建筑结构效果最差。对于外形复杂的建筑物采用隔震设计时，宜通过模型试验后确定。

b. 建筑场地宜为Ⅰ、Ⅱ、Ⅲ类，并应选用稳定性较好的基础类型。

硬土场地较适合于隔震建筑，软弱场地滤掉了地震波的中高频分量，延长结构的周期有可能增大而不是减小其地震反应。

c. 风荷载和其他非地震作用的水平荷载标准值产生的总水平力不宜超过结构总重力的 10%。

根据橡胶隔震支座抗拉性能差的特点，需限制非地震作用的水平荷载（包括风荷载），其标准值产生的总水平力不宜超过结构总重力的 10%，以保证隔震结构具有可靠的抗倾覆能力。

d. 隔震层应提供必要的竖向承载力、侧向刚度和阻尼；穿过隔震层的设备配管、配线，应采用柔性连接或其他有效措施以适应隔震层的罕遇地震水平位移。

② 隔震装置必须具有足够的初始刚度，这样能满足正常使用要求。当强震发生时，装置柔性消震，体系进入消能状态。

③ 隔震装置能使结构在基础面上柔性滑动，在地震来时这样必然会产生很大的位移。为减低结构的位移反应，隔震装置应提供较大的阻尼，具有较大的消能能力。

8.4 隔震房屋

采用铅芯阻尼橡胶支座，能够延长低层和多层结构的自振周期，通过隔震支座的大变形来减少其上部结构的水平地震作用，从而减少地震破坏。

一般来说,隔震结构主要适于各种用途的低层或多层建筑,并都能获得较好的隔震效果。考虑结构的安全性、房屋内部物品的振动翻倒、防止构件二次损坏等因素,更适合用隔震措施的建筑物有住宅(居民住宅、养老院、疗养院)、公共建筑(剧院、医院、旅馆)、防灾中心建筑(学校、消防局)、核电设施(核电站、仓库)、尖端产业设施(研究所、超精密加工厂)、纪念性建筑物(纪念建筑、寺庙)等。

用隔震技术对已有建筑物进行抗震加固具有以下优越性:

① 能够明显有效地减轻结构的地震反应,提高建筑结构的抗震能力;

② 不影响上部建筑结构的正常使用;

③ 既能保护结构本身,也能保护结构内部的装饰、精密仪器设备等不遭受任何损坏,确保建筑结构物和生命财产在强地震中的安全;

④ 对重要建筑物进行隔震加固,其造价一般比传统抗震加固方法造价低得多。因此,采用隔震技术对现有建筑物进行抗震加固改造具有明显的经济效益和社会效益。

8.5　消能减震房屋

消能减震设计是指在房屋结构中设置消能器,通过消能器的相对变形和相对速度提供附加阻尼,以消耗输入结构的地震能量,达到预期防震减灾的目的。减震技术属于抗震设计中的被动控制技术。消能减震是通过设置消能器来控制工程结构隔震、减震控制预期的结构变形,增大结构阻力,同时减少结构的水平和竖向地震作用,即使主体结构在罕遇地震情况下,也不致于严重受损。

消能减震装置不改变结构的基本形式,又可减少结构的水平和竖向地震作用,不受结构类型和高度的限制,使用范围广,在新建筑物和建筑物抗震加固中均可采用。当采用侧向刚度较小的结构体系(如钢结构等)时,将更有利于发挥消能装置的作用。

8.5.1　结构消能减震体系的特点

从能量的观点看,地震输入给结构的能量是一定的,如果耗能装置耗散的能量越多,则结构本身需要耗散的能量就越小,结构需要承担的地震反应也就降低了。具体设计中,结构消能减震体系是把结构的某些非承重构件(如支撑剪力墙等)设计成消能杆件,或在结构物的某些部位(节点或连接处)装设阻尼器,在风荷载或轻微地震时,这些消能杆件或阻尼器仍处于刚弹性状态,结构物仍具有足够的侧向刚度以满足结构的使用性能,在强地震发生时,随着结构受力和变形的增大,这些消能杆件和阻尼器应率先进入非弹性变形状态,产生较大阻尼,大量消耗输入结构的地震能量,从而使主体结构避免进入明显的非弹性状态并迅速衰减结构的地震反应,从而保护主体结构在强地震中免遭损失。有试验表明,耗能装置可做到消耗地震总输入能量的 90% 以上。与传统的结构抗震体系相比,其具有如下优越性。

① 传统的结构抗震体系是把结构的主要承重构件(梁、柱、节点)作为消能构件,地震中受损坏的是这些承重构件,甚至导致房屋倒塌。而消能减震体系则是以非承重构

件作为消能构件或另设阻尼器,它们的损坏过程是保护主体结构的过程,所以是安全可靠的。

② 震后易于修复或更换,使建筑结构物迅速恢复使用。

③ 可利用结构的抗侧力构件(支撑、剪力墙等)作为消能杆件,无须专设。

④ 有效地衰减结构的地震反应。

由于上述优越性,消能减震体系被广泛用于高层建筑的抗震,高耸构筑物(塔、架等)的抗震或抗风,单层工业厂房排架纵向抗震,管线系统减震保护等。

8.5.2　结构消能减震体系的设计和工程应用

消能减震体系按其消能装置的不同,可分为以下 4 类。

(1) 消能构件减震体系

消能构件减震体系,指利用结构的非承重构件作为消能装置消耗地震传递给结构的能量的减震体系,常用的消能构件有以下两种。

① 消能支撑:耗能交叉支撑,摩擦耗能支撑,耗能偏心支撑,耗能隔撑。一般支撑杆件大都用软钢制作,取材容易,屈服点适当,延性好,故有较高的消能减震性能。构件大都具有非弹性"弯曲"变形的消能减震性能,以及较高的抵抗周疲劳破坏的能力。

② 消能剪力墙:竖缝消能剪力墙、横缝消能剪力墙、周边缝消能剪力墙等。其混凝土的接缝面可以填充黏性材料或用钢筋连接。强地震时,出现非弹性的缝面错动,产生阻尼,消耗地震能量。

(2) 阻尼器消能减震体系

在结构的某些部位(支撑杆件、剪力墙与边框联结处、梁柱节点处等)装设软钢阻尼器(图 8-2)、挤压铅阻尼器、摩擦阻尼器(图 8-3)、黏弹性阻尼器等。在强地震时,结构物这些部位发生较大变形,从而使装设在该部位的阻尼器有效地发挥消能作用。

图 8-2　防屈曲支撑软钢阻尼器

图 8-3　摩擦型隔震支座

(3) 冲击减震

冲击减震是依靠附加活动质量与结构之间的非完全弹性碰撞达到交换动量和耗散动能进而实现减小结构地震反应的技术。

实际应用时,一般在结构的某部位(常在顶部)悬挂摆锤,结构震动时,摆锤撞击结构使结构震动衰减。另外,摆锤还兼具吸振器的功能。

（4）吸振减震

吸振减震是通过附加子结构，使主体结构的能量向子结构转移，即系统振动能量集中于子结构，从而达到减小主体结构震动的目的，使主体结构得到保护。

➲ 本 章 小 结

本章主要从结构的构造方面阐述了隔震和消能减震的措施，一般情况下，隔震和消能减震技术主要应用在承受动力荷载的结构上，具体做法要与结构形式紧密结合，以期达到最佳效果。

➲ 思考与练习

8-1　什么是隔震？

8-2　什么是消能减震？

8-3　隔震技术的适用条件有哪些？

8-4　结构消能减震体系的工程应用有哪些？

9 土、木、石结构房屋抗震设计

【学习目标】
了解土、木、石结构房屋分类和震害特点,抗震一般规定,以及抗震措施。

9.1 土、木、石结构房屋分类和震害

随着我国综合经济实力的提高,土、木、石结构房屋越来越少,目前仅在经济不发达地区、农村边远地区等尚有采用。这些房屋通常未经正规设计,自行建造,存在材料强度低(如生土、砌体、石结构)、房屋各构件之间连接薄弱、结构整体性差、施工质量差等问题。

据民政部报告,截至 2008 年 7 月 20 日 12 时,四川汶川地震已造成 69197 人遇难,374176 人受伤,18222 人失踪,累计受灾人数为 4624 万人。汶川地震致使灾区 2314.3 万间房屋损坏,其中倒塌的房屋就达 652.5 万间,直接经济损失超过 1 万亿元人民币。在甘肃省陇南市文县,地震造成 111 人死亡,20 个乡镇普遍受灾,49.8 万多间房屋受损,其中倒塌 11.3 万间,95% 土木结构的房屋成为无法维修、无法居住的危房,70% 以上的房屋倒塌。

土、木、石结构房屋具有整体性差、结构赘余度小、对抗震不利等特点,震害表明其破坏相对于其他形式的房屋更为严重,应引起足够重视,因此《抗震规范》对结构布置及抗震构造提出专门要求。

9.1.1 生土结构房屋分类和震害

生土结构房屋:由生土墙(土坯墙或夯土墙)作为主要承重构件的木楼(屋)盖房屋,主要包括土坯墙房屋和夯土墙承重房屋。

① 土坯墙房屋。用土坯(或掺石灰等)块材、黏土泥浆砌筑成土坯墙。屋架和檩条搁置在土坯墙上。

② 夯土墙(俗称干打垒或板打墙)房屋。将半干半湿的黏性土放在木夹板之间,逐层分段夯实而成,每层厚度一般为 30~35 cm。按各地习惯做法不同,掺有不同比例的石灰粉、贝壳灰、砂、砾石及炉灰渣等,以提高其强度。

③ 土窑洞,包括在未经扰动的原土中开挖而成的崖窑和由土坯砌筑拱顶的坑窑,如

图 9-1 所示。

④ 土拱房。土拱房多用夯土墙或天然稳固的土崖体做拱脚,用土坯等顶砌成拱。

生土房屋在我国西北地区农村较多,西南、华北等贫困地区农村也有采用。生土房屋抗震能力最低,5 级地震就可造成相当数量的破坏,6 级地震时有一定数量的严重破坏和倒塌,且多数破坏达到不可修复程度,7 级地震时则基本全部倒塌,倒塌造成的人员伤亡最大。图 9-2 所示为土坯墙房屋倒塌。

图 9-1 土窑洞   图 9-2 土坯墙房屋倒塌

9.1.2 木结构房屋分类和震害

（1）木结构房屋分类

木结构房屋是指由木柱作为主要承重构件,生土墙（土坯墙或夯土墙）、砌体墙和石墙作为围护墙的房屋。其主要包括穿斗木构架房屋、木柱木屋架房屋、木柱木梁房屋。

① 穿斗木构架房屋:每榀构架有 3～5 根木柱,木柱顶部、中部由穿枋连接,构架上部的短立柱也用穿枋连接,较为牢固。房屋纵向的构架间,屋顶处由两端做成燕尾榫的檩条连接,构架横梁处有龙骨搭接或对接连接。横向刚度较大,纵向连接好的可形成空间构架（图 9-3）。民宅多用土坯围护墙,公用房屋则土坯和砖围护墙两者都有。这种类型房屋主要分布在我国西南地区。

② 木柱木屋架房屋:木柱承重,屋架为三角形。木柱与屋架用穿榫连接,屋架节点处放檩条,檩上做屋面,土坯或外砖内土坯围护墙（图 9-4）。这种结构形式的房屋空旷高大,全国各地均有采用。

③ 木柱木梁房屋:包括平顶木构架和老式坡顶木构架（图 9-5）。

（2）木结构房屋震害情况

① 结构体系不稳定。如三角形构架的梁柱间、屋架间无斜撑,仅靠卯榫和檩条连接,稍有松动即成为铰接点,整个构架是一个几何可变的不稳定结构,地震作用较大时就会发生倾斜或倒塌。

② 屋顶过重。如平顶木构架柱细而梁粗,头重脚轻,地震加速度反应大,柱与墙体无连接,地震时梁头首先将纵墙撞倒,进而横墙失去支撑倒塌;轻者墙倒架歪,重者全部倒塌,如图 9-6 所示。

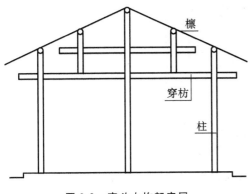

图 9-3　穿斗木构架房屋

图 9-4　木柱木屋架房屋

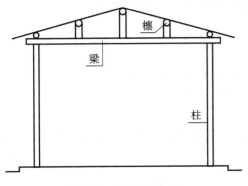

图 9-5　木柱木梁房屋

图 9-6　平顶木构架土坯围护墙房屋破坏

③ 节点连接薄弱。梁柱间通常采用卯榫接连或钉接等单一连接方式,地震时房屋上下颠簸,左右、前后摇晃,节点不仅承受水平力,还要承受拉扭作用,因此节点处很容易产生拉脱、折榫现象,导致木构架局部破坏或塌落。

④ 材料腐朽。很多木构架在制作时未作任何防潮、防腐处理,另外房屋年久失修,木材腐朽疏松,截面削弱,地震时首先破坏从而引起其他构件的破坏。

⑤ 屋面溜瓦引起坠落。

⑥ 柱脚滑移。柱脚石与柱脚无连接,地震时柱脚滑脱,导致木柱支撑失效引起构架倒塌。

9.1.3　石结构房屋分类和震害

石结构房屋:由石墙承重,按墙体所采用的石材可分为料石房屋和毛石房屋,有木屋盖和钢筋混凝土楼(屋)盖,也有采用石板楼(屋)盖,如图 9-7 所示。石结构房屋在我国东南沿海以及山区较多采用,地域分布也较广。

毛石墙体用粉质黏土泥浆砌筑,黏性差,墙体松散。这种墙体承重房屋的抗震能力不如土坯墙房屋。

图 9-7　单层毛石结构房屋

9.2　土、木、石结构房屋抗震一般规定

土、木、石结构房屋抗震一般规定如下。

① 土、木、石结构布置原则:形状简单规则、平面对齐、竖向连续,受力简洁明确。

土、木、石结构房屋的建筑、结构布置应符合下列要求:

a. 房屋的平面布置应避免拐角或突出。

b. 纵横向承重墙的布置宜均匀对称,在平面内宜对齐,沿竖向应上下连续;在同一轴线上,窗间墙的宽度宜均匀。

c. 多层房屋的楼层不应错层,不应采用板式单边悬挑楼梯。

d. 不应在同一高度内采用不同材料的承重构件。

e. 屋檐外挑梁上不得砌筑砌体。

图 9-8　下砖上土坯墙房屋

《抗震规范》中采用不同材料承重构件(承重墙体)的限制是:"同一高度""左右相邻"的墙体不可采用不同的材料。震害表明:两种不同材料的墙体(左右相邻)之间由于规格不同,不能相互咬槎砌筑,易形成通缝,导致房屋整体性差,在地震中破坏严重。但对于沿高度上不同材料的墙体(下部为较强的墙体,如砖墙、石墙等;上部为较弱的墙体,如砖墙、土坯墙等)则不受限制,如图 9-8 所示。

② 木楼、屋盖房屋应在下列部位采取拉结措施。

a. 两端开间屋架和中间隔开间屋架应设置竖向剪刀撑,可增强木屋架纵向稳定性。

b. 在屋檐高度处应设置纵向通长水平系杆,系杆应采用墙揽与各道横墙连接或与木梁、屋架下弦连接牢固;纵向水平系杆端部宜采用木夹板对接,墙揽可采用方木、角铁等材料。

c. 山墙、山尖墙应采用墙揽与木屋架、木构架或檩条拉结。

d. 为防止墙体平面外失稳倒塌,内隔墙墙顶应与梁或屋架下弦拉结。

③ 为了确保房屋整体稳定性,木楼、屋盖构件的支承长度应不小于表 9-1 的规定。

④ 门窗洞口过梁的支承长度,6~8 度时不应小于 240 mm,9 度时不应小于 360 mm。

表 9-1　　　　　　　　　　　　　　木楼、屋盖构件的最小支承长度　　　　　　　　　　（单位:mm)

构件名称	木屋架、木梁	对接木龙骨、木檩条		搭接木龙骨、木檩条
位置	墙上	屋架上	墙上	屋架上、墙上
支承长度与连接方式	木垫板,240	木夹板与螺栓,60	木夹板与螺栓,120	满搭

⑤ 当采用冷摊瓦屋面时,底瓦的弧边两角宜设置钉孔,可采用铁钉与椽条钉牢(图 9-9);盖瓦与底瓦宜采用石灰或水泥砂浆压垄等做法与底瓦黏结牢固。

⑥ 突出屋面的构件在地震中易倒塌伤人的构件,土、木、石房屋突出屋面的烟囱、女儿墙等易倒塌构件的出屋面高度,6 度、7 度时不应大于 600 mm,8 度(0.20g)时不应大于 500 mm,8 度(0.30g)和 9 度时不应大于 400 mm,并应采取拉结措施。(其中,坡屋面上的烟囱高度由烟囱的根部上沿算起。)

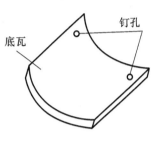

图 9-9　底瓦打孔示意图

⑦ 土、木、石房屋的结构材料和施工应符合下列要求。

a. 木构件应选用干燥、纹理直、节疤少、无腐朽的木材。生土墙体土料应选用杂质少的黏性土。石材应质地坚实,无风化、剥落和裂纹。

b. HPB300 钢筋端头应设置 180°弯钩。外露铁件应做防锈处理。

⑧ 场地、地基与基础抗震要求。

a. 场地抗震要求。尽可能避开条状突出的山嘴、高耸孤立的山丘以及非岩质的陡坡,丘陵地区及河、湖岸边,砂土液化和软弱土场地。

b. 地基与基础抗震要求。应避免房屋产生不均匀沉降,砖基础应采用实心砖水泥砂浆砌筑,毛石基础应采用水泥砂浆砌筑。

9.3　土、木、石结构房屋抗震措施

9.3.1　生土房屋

生土房屋的整体性及抗震能力均很差,一般情况下应避免采用。必须采用时仅限于低烈度地区的次要建筑或临时建筑,并应严格执行规范对生土房屋的抗震设计规定。

9.3.1.1　适用范围

适用于 6 度、7 度(0.10g)未经焙烧的土坯、灰土和夯土承重墙体的房屋及土窑洞、土拱房。其中,灰土墙是指掺石灰或其他黏结材料的土筑墙和掺石灰土坯墙,土窑洞是指在未经扰动的原土中开挖而成的崖窑。

9.3.1.2 抗震措施

① 生土房屋的高度和承重横墙间距应符合下列要求:生土房屋宜建单层,灰土墙房屋可建二层,但总高度不应超过 6 m;单层生土房屋的檐口高度不宜大于 2.5 m;单层生土房屋的承重横墙间距不宜大于 3.2 m;窑洞净跨不宜大于 2.5 m。

② 生土房屋的屋盖应符合下列要求:

a. 应采用轻屋面材料,减小地震作用。

b. 硬山搁檩房屋宜采用双坡屋面或弧形屋面,檩条支承处应设垫木;端檩应出檐,内墙上檩条应满搭或采用夹板对接和燕尾榫加扒钉连接。

c. 木屋盖各构件应采用圆钉、扒钉、钢丝等相互连接。

d. 木屋架、木梁在外墙上宜满搭,支承处应设置木圈梁或木垫板;木垫板的长度、宽度和厚度分别不宜小于 500 mm、370 mm 和 60 mm;木垫板下应铺设砂浆垫层或黏土石灰浆垫层。

③ 生土房屋的承重墙体应符合下列要求:

a. 承重墙体门窗洞口的宽度,6 度、7 度时不应大于 1.5 m。

b. 门窗洞口宜采用木过梁;当过梁由多根木杆组成时,宜采用木板、扒钉、铅丝等将各根木杆连接成整体。

c. 内外墙体应同时分层交错夯筑或咬砌。外墙四角和内外墙交接处,应沿墙高每隔 500 mm 左右放置一层竹筋、木条、荆条等编织的拉结网片,每边伸入墙体应不小于 1000 mm 或至门窗洞边;拉结网片在相交处应绑扎或采取其他加强整体性的措施。

④ 为减轻基础的不均匀沉降,各类生土房屋的地基应夯实,应采用毛石、片石、凿开的卵石或普通砖基础,基础墙应采用混合砂浆或水泥砂浆砌筑。外墙宜做墙裙防潮处理(墙脚宜设防潮层),以避免生土墙体受水反复侵蚀而酥落。

⑤ 土坯宜采用黏性土湿法成型并宜掺入草苇等拉结材料,土坯应卧砌并宜采用黏土浆或黏土石灰浆砌筑。

⑥ 灰土墙房屋应每层设置圈梁,并在横墙上拉通;内纵墙顶面宜在山尖墙两侧增砌踏步式墙垛。

⑦ 土拱房应多跨连接布置,各拱脚均应支承在稳固的崖体上或支承在人工土墙上;拱圈厚度宜为 300~400 mm,应支模砌筑,不应后倾贴砌;外侧支承墙和拱圈上不应布置门窗。

⑧ 土窑洞应避开易产生滑坡、山崩的地段;开挖窑洞的崖体应土质密实、土体稳定、坡度较平缓、无明显的竖向节理;崖窑前不宜接砌土坯或其他材料的前脸;不宜开挖层窑,否则应保持足够的间距,且上、下不宜对齐。

9.3.2 木结构房屋

单层及多层木结构房屋具有重量轻、地震作用小、耐震性能好(变形能力强)及节能环保的特点,在解决了木结构防火问题后,有条件时,对单层或多层建筑应优先考虑采用木结构房屋。针对木结构房屋的特点,规范制定了相关的设计原则。

9.3.2.1　适用范围

本节适用于6～9度的穿斗木构架、木柱木屋架和木柱木梁等房屋。

9.3.2.2　抗震措施

① 木结构房屋的高度应符合下列要求:木柱木屋架和穿斗木构架房屋,6～8度时不宜超过二层,总高度不宜超过6 m;9度时宜建单层,高度不应超过3.3 m。木柱木梁房屋宜建单层,高度不宜超过3 m。

② 木结构房屋不应采用木柱与砖柱或砖墙等混合承重;山墙应设置端屋架(木梁),不得采用硬山搁檩。

③ 木屋架屋盖的支撑布置宜符合表9-2的要求,支撑与屋架或天窗架应采用螺栓连接;木天窗架的边柱,宜采用通长木夹板或铁板并通过螺栓加强边柱与屋架上弦的连接。房屋两端的屋架支撑应设置在端开间。

表 9-2　　　　　　　　　　　　　　木屋盖的支撑布置

支撑名称		设防烈度		
		6、7度	8度	
		各类屋盖	满铺望板	稀铺望板或无望板
屋架支撑	上弦横向支撑	同非抗震设计		屋架跨度大于6 m时,房屋单元两端第二开间及每隔20 m设一道
	下弦横向支撑	同非抗震设计		
	跨中竖向支撑	同非抗震设计		
天窗架支撑	天窗两侧竖向支撑	同非抗震设计	不宜设置天窗	
	上弦横向支撑			

④ 木柱木屋架和木柱木梁房屋应在木柱与屋架(或梁)间设置斜撑;横隔墙较多的居住房屋应在非抗震隔墙内设斜撑;斜撑宜采用木夹板,并应通到屋架的上弦。

⑤ 穿斗木构架房屋的横向和纵向均应在木柱的上、下柱端和楼层下部设置穿枋,并应在每一纵向柱列间设置1～2道剪刀撑或斜撑。

⑥ 木结构房屋的构件连接应符合下列要求。

a. 柱顶应有暗榫插入屋架下弦,并用U形铁件连接,如图9-10所示;8度、9度时,柱脚应采用铁件或其他措施与基础锚固。柱脚与柱脚石之间宜采用石销键或石榫连接,如图9-11所示,柱基础埋入地面以下的深度不应小于200 mm。

b. 斜撑和屋盖支撑结构均应采用螺栓与主体构件相连接,如图9-12所示;除穿斗木构件外,其他木构件宜采用螺栓连接。

c. 椽与檩的搭接处应满钉,以增强屋盖的整体性。木构架中,宜在柱檐口以上沿房屋纵向设置竖向剪刀撑等,以增强纵向稳定性。

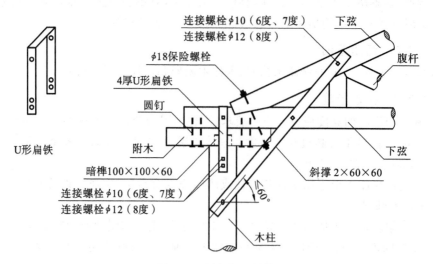

图 9-10 屋架加设斜撑

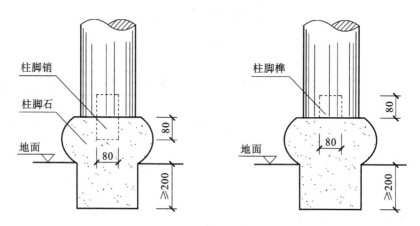

图 9-11 柱脚与柱脚石的锚固

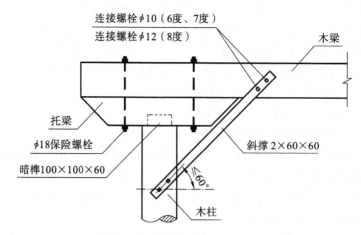

图 9-12 木柱与木梁加设斜撑

⑦ 木构件应符合下列要求:木柱的梢径不宜小于150 mm;应避免在柱的同一高度处纵横向同时开槽,且在柱的同一截面开槽面积不应超过截面总面积的1/2。柱子不能有接头。穿枋应贯通木构架各柱。

⑧ 围护墙应符合下列要求。

a. 围护墙与木柱的拉结应符合下列要求:沿墙高每隔500 mm左右,应采用8号钢丝将墙体内的水平拉结筋或拉结网片与木柱拉结;配筋砖圈梁、配筋砂浆带与木柱应采用φ6钢筋或8号钢丝拉结。

b. 土坯砌筑的围护墙,洞口宽度应符合生土房屋洞口的要求。砖等砌筑的围护墙,横墙和内纵墙上的洞口宽度不宜大于1.5 m,外纵墙上的洞口宽度不宜大于1.8 m或开间尺寸的一半。土坯、砖等砌筑的围护墙不应将木柱完全包裹,应贴砌在木柱外侧。

9.3.3 石结构房屋

震害调查和研究表明,石结构房屋与砌体结构房屋的破坏特征相近,但考虑石块加工不平整,性能差异较大(均匀性差、离散性大),砌体的施工质量比砌块结构差,且石结构房屋的地震经验不足,因此,对石结构房屋的抗震设计提出比砌体结构更严格的要求。

9.3.3.1 适用范围

适用于6~8度,砂浆砌筑的料石砌体(包括有垫片或无垫片)承重的房屋。

9.3.3.2 抗震措施

① 多层石砌体房屋的总高度和层数不应超过表9-3的规定。

表9-3　　　　　　　　　　　　**多层石砌体房屋总高度和层数限值**

墙体类别	设防烈度					
	6度		7度		8度	
	高度/m	层数	高度/m	层数	高度/m	层数
细、半细料石砌体(无垫片)	18	5	13	4	10	3
粗料石及毛料石砌体(有垫片)	13	4	10	3	7	2

注:① 房屋的总高度是指室外地面到主要屋面板板顶或檐口的高度,半地下室从地下室室内地面算起,全地下室和嵌固条件好的半地下室应允许从室外地面算起;对带阁楼的坡屋面应算到山尖墙的1/2高度处。

② 横墙较少的房屋,房屋总高度应降低3 m,层数相应减少一层。

② 多层石砌体房屋的抗震横墙间距不应超过表9-4的规定。

③ 多层石砌体房屋的层高不宜超过3 m,不应采用石板作为承重构件。

表9-4　　　　　　　　　　**多层石砌体房屋的抗震横墙间距**　　　　　　　　(单位:m)

楼、屋盖类型	设防烈度		
	6度	7度	8度
现浇及装配整体式钢筋混凝土	10	10	7
装配式钢筋混凝土	7	7	4

④ 为了加强石结构房屋整体性,提高抗震能力,宜采用现浇或装配整体式钢筋混凝土楼(屋)盖。

⑤ 多层石砌体房屋应在外墙四角、楼梯间四角和每开间的内外墙交接处设置钢筋混凝土构造柱。

⑥ 洞口是石墙的薄弱环节,抗震横墙洞口的水平截面面积不应大于全截面面积的1/3,除应对洞口面积进行限制外,还宜将开洞区域限制在墙长的中部,应避免在石墙的边角部位开洞。

⑦ 每层的纵横墙均应设置圈梁,其截面高度不应小于 120 mm,宽度宜与墙厚相同,纵向钢筋不应小于 4 ϕ 10,箍筋间距不宜大于 200 mm。

⑧ 无构造柱的纵横墙交接处,应采用条石无垫片砌筑,且应沿墙高每隔 500 mm 设置拉结钢筋网片,每边每侧伸入墙内不宜小于 1 m。

◆ 本 章 小 结

1. 本章介绍了土、木、石结构房屋的分类,土、木、石结构房屋具有整体性差、结构的赘余度小、对抗震不利等特点。

2. 本章介绍了土、木、石结构房屋抗震一般规定,并分别说明了土、木、石结构的适用范围和抗震措施。

◆ 思考与练习

9-1 简述木结构房屋分类和震害特点。

9-2 简述土、木、石结构抗震一般规定。

9-3 简述石结构房屋抗震措施。

9-4 简述木结构房屋的构件连接要求。

参考文献

[1] 中华人民共和国住房和城乡建设部,中华人民共和国国家质量监督检验检疫总局. GB 50011—2010 建筑抗震设计规范.北京:中国建筑工业出版社,2010.

[2] 上海市建设和交通委员会.DG/T J08-32—2008 高层建筑钢结构设计规程.北京: 中国建筑工业出版社,2008.

[3] 龚思礼.建筑抗震设计手册.北京:中国建筑工业出版社,2003.

[4] 李国强.建筑结构抗震设计.北京:中国建筑工业出版社,2009.

[5] 中华人民共和国住房和城乡建设部.GB 50010—2010 混凝土结构设计规范.北京: 中国建筑工业出版社,2010.

[6] 中华人民共和国住房和城乡建设部.GB 50009—2012 建筑结构荷载规范.北京:中 国建筑工业出版社,2012.

[7] 中华人民共和国住房和城乡建设部,中华人民共和国国家质量监督检验检疫总局. GB 50223—2008 建筑工程抗震设防分类标准.北京:中国建筑工业出版社,2008.

[8] 郭继武.建筑抗震设计.3版.北京:中国建筑工业出版社,2011.

[9] 朱炳寅.建筑抗震设计规范应用与分析.北京:中国建筑工业出版社,2011.

[10] 祝英杰.结构抗震设计.北京:北京大学出版社,2009.

[11] 李艳霞.隔震和消能减震技术的应用.中国公路,2012(20):120-121.

[12] 周俐俐.多层钢筋混凝土框架结构设计实用手册.北京:中国水利水电出版社,2012.